高等学校教材

化工专业实验

赵 芳 主编
秦绪平 副主编

Chemical
Engineering
Experiments

化学工业出版社
·北京·

内容简介

《化工专业实验》是一本系统讲述化工类专业实验教学所需知识的教材，旨在培养学生的实践能力与创新思维。具体章节包括绪论、化工专业常用仪器使用实验、化学反应工程实验、化工热力学实验、化工分离实验、化学工艺及综合实验、虚拟仿真实验等内容。

本书可作为高等学校化学工程与工艺及相关专业的实验指导教材，也可供化工行业工程技术人员参考。

图书在版编目（CIP）数据

化工专业实验 / 赵芳主编； 秦绪平副主编.
北京：化学工业出版社，2025.1. -- （高等学校教材）．
ISBN 978-7-122-46789-8

Ⅰ．TQ016

中国国家版本馆 CIP 数据核字第 2024J279Z9 号

责任编辑：任睿婷　　　　　　装帧设计：张　辉
责任校对：李　爽

出版发行：化学工业出版社
　　　　　（北京市东城区青年湖南街 13 号　邮政编码 100011）
印　　装：北京科印技术咨询服务有限公司数码印刷分部
787mm×1092mm　1/16　印张 7¾　插页 1　字数 170 千字
2025 年 4 月北京第 1 版第 1 次印刷

购书咨询：010-64518888　　　　　售后服务：010-64518899
网　　址：http://www.cip.com.cn
凡购买本书，如有缺损质量问题，本社销售中心负责调换。

定　　价：29.00 元　　　　　　　　　　　版权所有　违者必究

前言

化学工程与工艺专业实验是一门重要的实践课程，旨在对学生进行专业实验设计能力、专业实验操作能力、数据处理能力、观察能力、分析能力、表达能力和团队合作能力的全面训练，进一步提高学生解决实际问题的能力。

本书实验内容根据全面性、典型性和先进性的原则选定。所谓全面性是指实验内容覆盖面要宽，既涉及基础性实验，又涉及综合性实验；典型性是指化工专业有代表性的生产过程或工艺过程的相关实验；而先进性则涉及本专业的新设备和新技术。

本教材包括 6 大模块实验，具体为化工专业常用仪器使用模块、化学反应工程模块、化工热力学模块、化工分离模块、化学工艺及综合模块、虚拟仿真模块。本教材在前期实验讲义基础上整理，整体力求简明。

本教材由赵芳主编，秦绪平副主编，王振芳、张忠诚、任晓红、修霭田参与编写。具体编写分工如下：赵芳编写第一章及实验二、三、六、七、十四、十五、十六，秦绪平编写实验五、八、九、十、十一、十七、十八，王振芳编写实验十二，张忠诚编写实验一，任晓红编写实验四，修霭田编写实验十三。全书由赵芳统稿。

限于作者水平，书中难免存在疏漏，恳请读者批评指正。

编　者
2024 年 8 月

目录

第一章 绪论 1

第一节 化工专业实验的目的 1
第二节 国家标准对化工专业实验的要求 1
 一、关于业务知识和能力的基本要求 1
 二、关于化工类专业知识体系中专业实验的建议 2
第三节 实验数据的处理方法 2
 一、列表法 2
 二、图示法 3
 三、回归分析法 3
第四节 实验数据的误差分析 3
 一、误差的分类 3
 二、误差的表达 4
 三、测量仪表的精度 4
第五节 实验记录及报告撰写要求 5
 一、预习报告要求 5
 二、实验记录内容要求 5
 三、实验报告撰写要求 5

第二章 化工专业常用仪器使用实验 6

 实验一 气相色谱仪的使用 6
 实验二 比表面积测定仪的使用 10
 实验三 界面张力测定仪的使用 18

第三章　化学反应工程实验 ·· 23

实验四　管式炉催化反应 ··· 23

实验五　多功能反应 ·· 29

第四章　化工热力学实验 ·· 36

实验六　汽液平衡数据的测定 ·· 36

实验七　二氧化碳 pVT 曲线的测定 ·· 42

第五章　化工分离实验 ·· 51

实验八　中空纤维超滤膜分离 ·· 51

实验九　高压反渗透制备纯水 ·· 55

实验十　反应精馏 ·· 59

实验十一　萃取精馏 ·· 65

实验十二　共沸精馏 ·· 69

第六章　化学工艺及综合实验 ·· 75

实验十三　喷雾干燥法制备洗衣粉 ·· 75

实验十四　催化剂的制备（1）·· 77

实验十五　催化剂的制备（2）·· 80

实验十六　通用化工洗涤剂的制备 ·· 82

第七章　虚拟仿真实验 ·· 97

实验十七　精馏单元仿真 ·· 97

实验十八　甲醇合成半实物仿真 ··105

参考文献 ··118

第一章

绪论

第一节 化工专业实验的目的

化学工业又称化学加工工业，泛指生产过程中化学方法占主要地位的过程工业，是国民经济的基础性和支柱性产业，主要包括无机化工、有机化工、精细化工、生物化工、能源化工、材料化工、环境化工等，广泛涉及国民经济、社会发展和国家安全的各个领域。

化工类专业担负着为化学工业培养高素质工程技术人才的重任。化工专业实验是从化工基础理论跨入到实际应用的重要实践环节，具有明显的工程实验特点，是面对和解决实际技术问题、培养学生工程概念与动手操作能力的重要专业实践课程。其目的是巩固和加深学生对专业理论知识的理解，全面训练学生的专业实验设计能力、专业实验操作能力、数据处理能力、观察能力、分析能力、表达能力和团队合作能力，进一步提高学生发现问题、分析问题和解决复杂工程问题的实践能力。

第二节 国家标准对化工专业实验的要求

《普通高等学校本科专业类教学质量国家标准》中化工类教学质量标准对业务知识和能力提出了要求，对化工类专业知识体系中的专业实验给出了建议。

一、关于业务知识和能力的基本要求

① 具有本专业所需的数学、化学和物理学等自然科学知识以及一定的经济学和管理学知识，掌握化学、化学工程与技术学科及相关学科的基础知识、基本原理和相关的工程基础知识。

② 具有运用本专业基本理论知识和工程基础知识解决复杂工程问题的能力，具有系统的工程实践学习经历，了解本专业的发展现状和化工新产品、新工艺、新技术、新设备的发展动态。

③ 掌握典型化工过程与单元设备的操作、设计、模拟及优化的基本方法。

④ 具有创新意识和对化工新产品、新工艺、新技术、新设备进行研究、开发与设计的基本能力。

⑤ 掌握文献检索、资料查询及运用现代信息技术获取相关信息的基本方法。

⑥ 了解国家对化工生产、设计、研究与开发、环境保护等方面的方针、政策和法规，遵循责任关怀的主要原则；了解化工生产事故的预测、预防和紧急处理预案等，具有应对危机与突发事件的初步能力。

⑦ 具有一定的组织管理能力、表达能力和人际交往能力以及团队合作能力。

⑧ 对终身学习有正确认识，具有不断学习和适应发展的能力。

⑨ 具有一定的国际视野和跨文化交流、竞争与合作能力。

二、关于化工类专业知识体系中专业实验的建议

化工实验教学主要包括化工原理实验和化工专业实验。通过化工实验教学，对学生的实验设计能力、实验操作能力、数据处理能力、观察能力、分析能力、表达能力和团队合作能力进行全面训练。因此，化工实验教学要从培养目标出发，统一规划教学内容，综合考虑，分步实施并注意与理论课程的配合与衔接。应大力充实和改革实验教学内容，综合性实验、设计性实验的比例应大于 60%，以加强学生实践能力、创新意识和创新能力的培养。综合性实验是指实验内容涉及本课程的综合知识或与本课程相关课程知识的实验。设计性实验是指给定实验目的和实验条件，由学生自行设计实验方案并加以实现的实验。化工专业实验包括化工热力学实验、化学反应工程实验、化工分离实验和化学工艺实验。

第三节　实验数据的处理方法

实验数据处理是实验研究的重要环节。由实验获得的大量数据，必须经过正确分析、处理和关联，才能确定各变量间的定量关系，从中获得有价值的信息和规律。实验数据的处理是一项技巧性很强的工作。处理方法得当，会使实验结果清晰而准确。实验数据处理常用的方法有三种：列表法、图示法和回归分析法。

一、列表法

列表法是将实验的原始数据和运算数据直接列举在表格中。根据记录内容的不同，数据表主要分为两类，一类是原始数据记录表，另一类是运算数据表。其中原始数据记录表是在实验前预先制定，记录内容是未经运算处理的原始数据。运算数据表记录经过运算和整理的主要实验结果，该表格制作应该简明扼要，能直接反映主要实验指标和操作参数之间的关系。

列表法的优点是数据简单明了，便于检查测量结果和运算结果是否合理。若列出了中间结果，可以及时发现运算是否有错，便于日后对原始数据与运算进行核查。

二、图示法

图示法是将数据做成曲线的形式简单明了地表达实验结果的常用方法。图示法能直观地显示变量间存在的极值点、转折点、周期性及变化趋势，尤其在数学模型不明确或解析计算有困难的情况下，图示求解是数据处理的有效手段。

图示法的关键是坐标的合理选择，包括坐标类型和坐标刻度的确定，坐标选择不当往往会导致错误的结论。可以采用 Origin、Matlab、Excel 等常用软件绘制数据曲线。

三、回归分析法

实验结果的模型化是采用数学手段，将离散的实验数据回归成某一特定的函数形式，用以表达变量之间的相互关系。

在化工过程开发的实验研究中，涉及的变量较多，这些变量处于同一系统中，既相互联系又相互制约。由于受各种无法控制的实验因素的影响，它们之间的关系不能像物理定律那样用确切的数学关系式来表达，只能从统计学的角度寻求规律。变量间的这种关系称为相关关系。

回归分析是研究变量关系的一种数学方法，是数理统计学的一个重要分支。用回归分析法处理实验数据的步骤是：第一，选择和确定回归方程的形式（即数学模型）；第二，用实验数据确定回归方程中的模型参数；第三，检验回归方程的准确性。

第四节 实验数据的误差分析

一、误差的分类

实验误差可以分为三类，系统误差、随机误差和过失误差。

系统误差由仪器误差、方法误差和环境误差构成。系统误差是实验中潜在的弊端，若已知其来源，应设法消除。若无法在实验中消除，则应事先测出其数值的大小和规律，以便在数据处理时加以修正。

随机误差是实验中普遍存在的误差，这种误差仅在一定范围内波动，不会发散，当实验次数够多时，正负误差将相互抵消，数据的算术平均值将趋于真值。因此，不必刻意消除它。

过失误差是由于实验者的主观失误造成的误差，这种误差通常造成实验结果的不准确，应该明确原因，及时消除。

二、误差的表达

数据的真值：实验测量的误差是相对于真值而言的。严格地讲，真值应是某量的客观实际值。然而，在通常情况下，绝对的真值是未知的，只能用相对的真值来表达。在化工实验中，常用三种相对真值，即标准器真值、统计真值和引用真值。

常用的误差表达式有

绝对误差：
$$d_i = |x_i - x| \tag{1-1}$$

式中，d_i 为绝对误差；x_i 为第 i 次测量值；x 为相对真值。

相对误差：
$$r_i = \frac{|d_i|}{x} \times 100\% = \frac{|x_i - x|}{x} \times 100\% \tag{1-2}$$

式中，r_i 为相对误差。

算术均差：
$$\delta = \frac{\sum_{i=1}^{n} |x_i - \bar{x}|}{n} \tag{1-3}$$

其中
$$\bar{x} = \frac{\sum_{i=1}^{n} x_i}{n} \tag{1-4}$$

式中，δ 为算术均差；n 为测量次数；$\bar{x}$ 为 n 次测量的算术平均值。

标准误差：
$$\sigma = \sqrt{\frac{\sum_{i=1}^{n}(x_i - \bar{x})^2}{n-1}} \tag{1-5}$$

式中，σ 为标准误差。

算术均差和标准误差是实验研究中常用的精度表示方法。两者相比，标准误差能更好地反映实验数据的离散程度，因为它对一组数据中较大误差或较小误差比较敏感，因此在化工专业实验中被广泛采用。

三、测量仪表的精度

仪器仪表的测量精度通常采用精度等级来表示，如 0.1、0.2、0.5 级电流表。仪表精度等级是仪表测量值的最大绝对误差（百分数）的一种实用表示方法，也称为引用误差。计算公式如下

$$\delta_{\max} = \frac{\text{仪表测量值的最大绝对误差}}{\text{仪表满量值}} \times 100\% \tag{1-6}$$

通常情况下是用较高精度的仪表（标准表）校验较低精度的仪表（被校表）。所以，仪表测量值的最大绝对误差就是被校表与标准表之间读数的差值。

第五节 实验记录及报告撰写要求

一、预习报告要求

为保障实验过程安全及实验顺利进行,在实验前需按要求撰写实验预习报告。预习报告采用规范的实验报告纸撰写,实验时交指导教师审阅。

一般情况下预习报告应包括:①实验目的;②实验原理;③实验仪器及试剂;④实验步骤;⑤实验注意事项;⑥实验记录表;⑦思考题;⑧同组分工协作方案。

二、实验记录内容要求

实验时应做好原始记录,基本要求如下:
① 需记录实验时间、地点、同组人员、环境状态、实验名称、仪器设备、试剂(或原料)用量、工艺条件、实验步骤、实验现象、实验结果等;
② 实验前应事先设计记录表格,字迹工整、语言专业、符号规范;
③ 实验记录应客观翔实;
④ 实验人员信息在实验室实验登记表和设备使用登记表进行登记;
⑤ 实验记录还应包括实验中的仪器故障、操作失误、异常现象等意外情况。

三、实验报告撰写要求

实验报告具有原始性、纪实性和试验性的特点。实验报告记录和表达的实验数据一般都比较原始,数据处理通常以表和图的形式体现。实验报告的内容侧重实验过程、操作方式、分析方法、实验现象、实验结果的详细描述,随着设计性和综合性实验比例的增加,实验的创新性也在增强。实验报告基于实验实际情况进行撰写,即使实验失败,也可以撰写实验报告,分析实验失败的原因,实验报告必须客观真实。

实验报告的撰写是一项重要的基本技能,是科技论文写作的基础。实验报告应包含基本信息和内容部分:

首页基本信息包括实验名称、专业、姓名、班级、学号、指导教师、实验时间、实验地点、实验组别、同组成员。

实验报告内容应包括:①实验目的;②实验原理;③主要设备及试剂;④实验步骤;⑤实验注意事项;⑥实验记录表;⑦数据处理;⑧实验结果与讨论;⑨思考与分析;⑩实验体会与收获。

第二章

化工专业常用仪器使用实验

实验一　气相色谱仪的使用

一、实验目的

① 在了解基本原理的基础上，能够使用气相色谱仪对醇系物进行定量分析。
② 能够使用色谱工作站记录和分析数据。

二、实验原理

1. 气相色谱分析的基本原理和仪器结构

色谱法是一种重要的分离分析方法，它根据组分在两相中的作用力不同而达到分离目的。任何物质只要它们存在物理、化学性质上的差异，而且在两相中的分配系数有差异，就可以通过色谱进行分离、分析或测定。进行物质分离和分析的核心部件是色谱柱。柱中填装有固定相，待测混合物流入色谱柱后，各组分以不同时间流出色谱柱。因此色谱法是先将混合物中各组分分离，而后逐个分析，是分析混合物最有力的手段。这种方法还具有高灵敏度、高选择性、高效能、分析速度快及应用范围广等优点。根据流动相的不同，可将色谱法分为气相色谱法和液相色谱法等。若流动相是气相，则称为气相色谱法（gas chromatography，GC）；若流动相是液相，则称为液相色谱法（liquid chromatography，LC）。

在一定的操作条件下，一种物质从进样到出现色谱峰的时间是确定的。因此可以根据出现色谱峰的时间来对物质进行定性检测。同时，又可以根据峰面积的大小来对被分析物定量。

气相色谱仪的基本结构如图 2-1 所示。可以看出，气相色谱仪主要包括四部分，即载气系统、进样系统、分离系统和检测系统。

载气由气体钢瓶供给，经减压阀、稳压阀控制压强和流速，然后进入检测器热导池的参考臂，再进入色谱柱，最后通过热导池、皂膜流量计进入大气。常用的载气有氢气、氮气和氦气，本实验选用氮气。

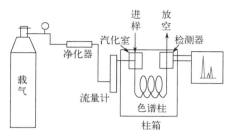

图 2-1 气相色谱仪的结构示意图

进样系统包括进样装置和汽化室。通常用微量注射器将样品引入，液体样品引入后需要在汽化室瞬间汽化。

分离系统是指色谱柱。色谱柱一般为直径 1～6mm 的不锈钢管，长度为 10～60cm。管内填充有固定相。

检测器的作用是将色谱分离后的各组分的量转变成可测量的电信号，然后记录下来。常用的检测器有热导检测器（thermal conductivity detector，TCD）、氢火焰离子化检测器（flame ionization detector，FID）等。

2. 气相色谱中的常见术语

色谱流出曲线及色谱图：指样品注入色谱柱后，信号随时间变化的曲线，如图 2-2 所示。

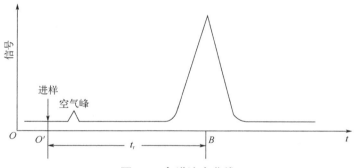

图 2-2 色谱流出曲线

基线：在操作条件下，没有组分流出时的流出曲线称为基线。稳定的基线应是一条平行于横轴的直线。基线反映仪器（主要是检测器）的噪声随时间的变化。

保留时间：从进样开始到某个组分达到色谱峰顶点的时间间隔称为该组分的保留时间（retention time），即从进样到柱后某组分出现浓度极大时的时间间隔。图 2-2 中 t_r 为组分 B 的保留时间。在给定的色谱条件下，一种物质的保留时间是固定的。因此，可以通过保留时间来确定所分析的组分是什么物质。

峰面积：出峰到峰回到基线所包围的面积，称为峰面积。色谱峰面积或峰高是色谱定量的依据。某一组分的峰面积与该组分的含量成正比。

峰高：指某种分离峰顶部的高度，是用来表示该物质浓度的指标。

校正因子：校正因子分为绝对校正因子和相对校正因子。某组分 B 的含量与其色谱

的峰面积成正比，即

$$W_B = f_B A_B \tag{2-1}$$

式中，W_B 为组分 B 的质量分数；f_B 为组分 B 的绝对校正因子；A_B 为组分 B 的峰面积。绝对校正因子受实验条件的影响，定量分析时必须与实际样品保持相同条件。

相对校正因子定义式为

$$f'_B = \frac{f_B}{f_S} = \frac{W_B A_B}{W_S A_S} \tag{2-2}$$

式中，f'_B 为组分 B 的相对校正因子；f_S 为标准物质 S 的绝对校正因子；W_S 为标准物质 S 的质量分数；A_S 为标准物质 S 的峰面积，此处可取面积百分数（面积含量）。

相对校正因子只与检测器类型有关，和色谱条件无关。常用的标准物质是苯和庚烷，分别用于热导检测器和氢火焰离子化检测器。

归一化法定量：将所有组分的峰面积 A_B 分别乘以它们的相对校正因子后求和即为流出色谱柱组分的总量。则 B 组分的质量分数为

$$W_B = \frac{A_B f'_B}{\sum_{B=1}^{n} A_B f'_B} \tag{2-3}$$

采用归一化法的前提条件是样品中所有成分都能出峰。

内标法定量：当样品中某些组分不能从色谱柱中流出，或某些组分在检测器上无信号，或只需要对样品中某一个或某几个组分进行定量时，可以使用内标法。所谓内标法，是将一定量的纯物质作为内标物加入准确称量的试样中，根据试样和内标物的质量以及被测组分和内标物的峰面积可求出被测组分的含量。即

$$\frac{m_B}{m_S} = \frac{A_B f'_B}{A_S f'_S} \quad \text{或者} \quad m_B = m_S \frac{A_B f'_B}{A_S f'_S} \tag{2-4}$$

$$W_B = \frac{m_B}{m} = \frac{m_S}{m} \frac{A_B f'_B}{A_S f'_S} \tag{2-5}$$

式中，m_B 为组分 B 的质量，g；m_S 为标准物质 S 的质量，g；m 为样品总质量，g；f'_S 为标准物质 S 的相对校正因子。

内标物的选择必须符合下列条件：

① 内标物应是试样中原来不存在的纯物质，性质与被测物相近，能完全溶解于样品中，但不能与样品发生化学反应。

② 内标物的峰位置应尽量靠近被测组分的峰，或位于几个被测物峰的中间并与这些色谱峰完全分离。

③ 内标物的质量应与被测物的质量接近，能保持色谱峰大小差别不大。

式（2-3）、式（2-4）中的峰面积之比等于面积含量之比，因此可以直接使用面积含量计算。

三、实验仪器及试剂

主要仪器：气相色谱仪、氮气钢瓶、皂膜流量计、分析天平、色谱工作站、称量瓶。
主要试剂：甲醇（分析纯）、乙醇（色谱纯）、正丙醇（分析纯）、正丁醇（分析纯）等。

四、实验步骤

① 配制标准溶液。按甲醇：乙醇：正丙醇：正丁醇=1：2：2：3 的比例配制。
② 打开气相色谱仪电源，打开氮气钢瓶阀门，调整减压阀使压力为 0.2~0.4MPa。
③ 打开仪器上的载气稳压阀，调整压力至 0.2MPa。在柱箱未加热时，气路阻力较小，压力可能无法调到 0.2MPa，等温度升高后压力会增加。
④ 用皂膜流量计测量氮气的流速，30~40mL/min。
⑤ 将柱箱、汽化室和检测器温度分别设定为 150℃、165℃和 165℃。打开加热开关，桥电流设定为 100mA。
⑥ 等温度升高到设定值后，再用皂膜流量计测量氮气流速，看是否符合要求。
⑦ 打开色谱工作站，查看基线。
⑧ 等基线走稳后即可进样，进样量为 0.2~0.4μL。分别对标准溶液和未知样品进行分析测试，求出相对校正因子和未知样品中各组分的含量。
⑨ 实验结束，关闭柱箱、汽化室和检测器加热电源。等热导池温度下降至 70℃以下，再关闭氮气钢瓶。

五、实验注意事项

① 实验过程注意检查氮气钢瓶分压。
② 进样胶垫老化时要及时更换。
③ 结果处理时注意含量基准。

六、实验数据记录与处理

色谱分析标准溶液组成记录列于表 2-1 中，表格中 A_i 为面积含量。计算各组分的相对校正因子（见表 2-2），并据此和色谱分析结果求算未知样品各组分的含量。

表 2-1　色谱分析标准溶液组成记录

组分	甲醇	乙醇	正丙醇	正丁醇
质量 m_i/g				
质量分数 W_i/%				
第一次分析 A_i/%				
第二次分析 A_i/%				
第三次分析 A_i/%				

表 2-2　各组分相对校正因子 f_i' 计算结果

组分	甲醇	乙醇	正丙醇	正丁醇
第一次分析 f_i'				
第二次分析 f_i'				
第三次分析 f_i'				
平均相对校正因子 f_i'				

未知样品色谱分析结果记录见表 2-3。

表 2-3　未知样品色谱分析结果记录

组分	甲醇 面积含量/%	乙醇 面积含量/%	正丙醇 面积含量/%	正丁醇 面积含量/%
未知样 1（第一次分析）				
未知样 1（第二次分析）				
未知样 2（第一次分析）				
未知样 2（第二次分析）				

由组分质量分数与面积含量的关系可计算出实际组成，计算结果填入表 2-4 中。

表 2-4　未知样质量组成计算结果

未知样	质量分数 W_i/%			
	甲醇	乙醇	正丙醇	正丁醇
未知样 1（第一次分析）				
未知样 1（第二次分析）				
未知样 1 平均值				
未知样 2（第一次分析）				
未知样 2（第二次分析）				
未知样 2 平均值				

七、思考与分析

① 气相色谱分析的定性和定量原理是什么？
② 进行定量分析时为什么要测定相对校正因子？
③ 为什么实验完成后不能立即关闭氮气钢瓶，而要等热导池温度下降至 70℃ 以下才能关闭？

实验二　比表面积测定仪的使用

一、实验目的

① 了解吸附理论在比表面积测定方面的应用。

② 能够使用比表面积测定仪测定固体催化剂的比表面积。
③ 能够对比表面积测定实验过程出现的问题进行分析。

二、实验原理

气相色谱法测定比表面积是以氮气为吸附质，以氦气或氢气作载气（本实验以氦气作载气），两种气体按一定比例混合，达到指定的相对压力，然后流过催化剂。当催化剂管浸入液氮保温杯时，催化剂对混合气体中的氮气进行物理吸附，而载气不被吸附，这时在色谱工作站上出现吸附峰。当将液氮保温杯移走后，催化剂管重新处于室温，吸附的氮就脱附出来，在色谱工作站上出现与吸附峰反向的脱附峰。最后在混合气中注入已知体积的氮气，会得到一个校正峰。根据校正峰和脱附峰的峰面积，即可计算在该相对压力下催化剂的氮气吸附量。有以下三种实验测定方法。

1. 直接对比法

以已知比表面积和装入量的催化剂为标样，依次测出标样和试样的脱附峰，工作站记录下两样品脱附峰的峰面积。计算公式为：

$$\frac{m_0 a_{s0}}{m_1 a_{s1}} = \frac{A_{d0}}{A_{d1}} \tag{2-6}$$

式中，m_0 为标准管催化剂质量，g；A_{d0} 为标准管催化剂脱附峰峰面积，m^2；a_{s0} 为标准管催化剂比表面积，m^2/g；m_1 为测量 1 催化剂质量，g；A_{d1} 为测量 1 催化剂脱附峰峰面积，m^2；a_{s1} 为测量 1 催化剂比表面积，m^2/g。

2. 单点 BET 法

测定样品的脱附量，得到脱附峰。在相同的色谱条件下，注入已知量的氮气，得到氮气标样的峰面积。根据两个峰面积之比可以求出样品脱附氮气的量。

3. 多点 BET 法

改变氮气和载气的混合比，可以测出几个不同氮气相对压力下的吸附量。从而可根据 BET 公式计算比表面积。BET 公式为

$$\frac{p}{V_d(p_0 - p)} = \frac{1}{V_m C} + \frac{C-1}{V_m C} \frac{p}{p_0} \tag{2-7}$$

式中，p 为氮气分压，Pa；p_0 为吸附温度下液氮的饱和蒸气压，Pa；V_m 为催化剂上形成单分子层需要的气体量，mL；V_d 为被吸附气体的总体积，mL；C 为与吸附有关的常数。

以 $\frac{p}{V_d(p_0-p)}$ 对 $\frac{p}{p_0}$ 作图，可得一直线，其斜率为 $\frac{C-1}{V_m C}$，截距为 $\frac{1}{V_m C}$，由此可得

$$V_m = \frac{1}{斜率 + 截距} \tag{2-8}$$

若知道每个被吸附分子的截面积，可求出催化剂的比表面积，即

$$a_s = \frac{V_m L a_m}{V_0 m} \tag{2-9}$$

式中，a_s 为催化剂的比表面积，m^2/g；L 为阿伏伽德罗常数；a_m 为被吸附气体分子的

横截面积，m^2；m 为催化剂样品量，g；V_0 为 1mol 气体在标准状况（0℃，101.325kPa）下的体积，22.4L/mol。

BET 公式的适用范围为 $\dfrac{p}{p_0}$=0.05～0.35，相对压力超过此范围可能发生毛细管凝聚现象。本实验采用多点 BET 法进行测试。

三、实验仪器及试剂

主要仪器：比表面积测定仪（如图 2-3 所示）、样品管、分析天平、液氮保温杯、烘箱、漏斗、样品勺、擦拭纸等。

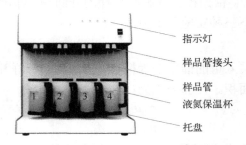

图 2-3　动态吸附比表面积测定仪

主要试剂：待测样品、液氮、氮气、氦气等。

四、实验步骤

1. 实验准备

① 将待测样品放入烘箱，120℃干燥 30 分钟，准备干燥的样品管、漏斗、样品勺、擦拭纸。

② 称量空样品管的质量，装填上一定量的样品后，称量总质量。在装填样品时注意不要将样品沾到样品管的侧壁上。样品的装填量一般不超过样品管底部水平部分体积的 2/3，如果装样量过多会堵塞气路，严重时会造成仪器损坏。建议称样量与比表面积关系如表 2-5 所示。

表 2-5　建议称样量与比表面积关系

样品比表面积/（m^2/g）	建议称样量/g
≤1	≥3
1～5	3～1.5
5～10	1.5～0.8
10～100	0.8～0.3
≥100	0.3～0.1

2. 样品管安装

将样品管垂直，用较小的力向上缓慢插入端口中，直至端口顶端，然后拧紧样品管卡套，如图 2-4 所示。仪器可同时测四个样品，四个样品管必须全部装上，以保证气路的通畅和密闭。若测试样品有剩余端口，需用空样品管连接。

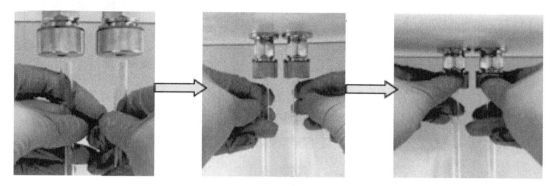

图 2-4　样品管安装

3. 液氮准备

将液氮倒入液氮保温杯中，在液氮面距液氮保温杯顶端 8～10mm 时停止，样品管安装到位后将液氮保温杯正确地放在升降托盘上，不要让样品管碰到液氮保温杯壁。

注意：

① 不要用未知容器盛装和运输液氮。

② 液氮的挥发会导致极端高压的危险环境，威胁实验人员的安全，因此应尽量控制液氮的挥发。

③ 液氮的温度是-196℃，当皮肤直接接触液氮或被液氮冷却的玻璃或金属时，会产生冻伤危险。将液氮倒入液氮保温杯时，应戴橡胶等防护手套，戴护目镜。

④ 室内使用液氮，要注意通风良好，以防氮气浓度增加，氧气浓度降低，从而导致头晕等潜在危险。

⑤ 倾倒液氮时，液氮罐口不要压在液氮保温杯上。防止液氮进入液氮保温杯玻璃内胆和保护层的夹层中，造成玻璃内胆碎裂。

4. 通气

打开氮气、氦气钢瓶总阀，再打开压力调节阀，使分压表的压力为 0.3～0.4MPa。实验完成后按相反顺序关闭阀门，先关闭压力调节阀，再关闭钢瓶总阀，微调阀打开后可不关闭。

5. 打开电源

通气 5 分钟，确保样品管安装完成后，打开电脑，再打开仪器电源预热 30 分钟。

6. 测试参数的设定

双击电脑桌面上的软件图标，打开测试专用软件。

点击窗口工具栏中的"设置"选项，如图 2-5 所示，打开下拉菜单，点击"谱图设置"对话框，即可进行采集界面效果的设置，如图 2-6 所示。

图 2-5 设置对话框

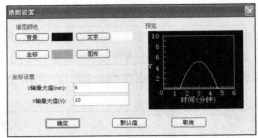
图 2-6 谱图设置

点击窗口工具栏中的"设置"选项,打开下拉菜单,点击"方法设置"对话框(或者直接点击软件窗口中的 图标),即可进行试样信息的设置,如图 2-7 所示。

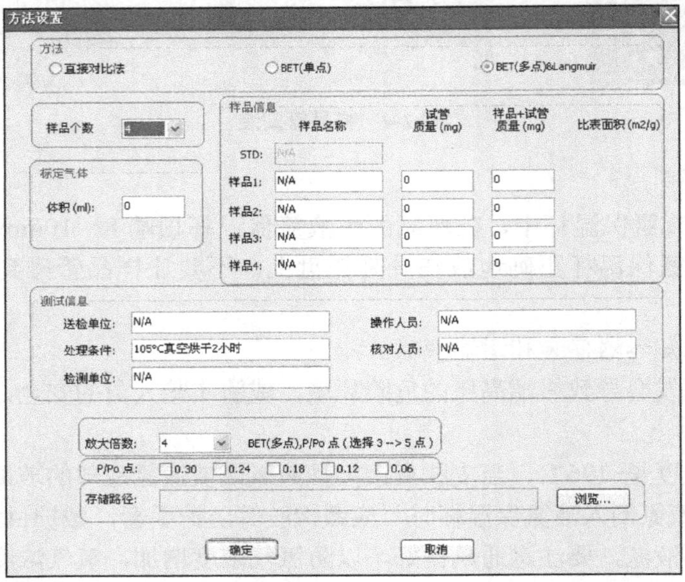

图 2-7 方法设置

"方法":选择 BET(多点)&Langmuir。"样品个数":根据实际测试样品数选择 4。"标定气体体积":输入实验室环境标定的数据。"样品信息":按提示依次输入。"测试信息":按提示信息输入。"放大倍数":选 4。注意:单点或多点 BET 测试,被测样品比表面积为 $0.01 \sim 3 m^2/g$、质量为 $2000 \sim 5000mg$ 时,一般选择放大倍数为 8 倍;当被测样品比表面积为 $3 \sim 500 m^2/g$、质量为 $100 \sim 2000mg$ 时,一般选择放大倍数为 4 倍;当被测样品比表面积$>500 m^2/g$、质量$<100mg$ 时,一般选择放大倍数为 2 倍。"p/p_0 点":氮气分压点为 0.30、0.24、0.18、0.12、0.06,选择 3~5 个点进行测试。"存储路径":选择存储测试结果的文件夹。注意:每次实验的存储路径需重新设置,否则,新获得的谱图数据会覆盖旧的谱图数据。方法设置好后,点击"确定"。

7. 测试

单击软件窗口中的 图标,出现"点击确定后自动开始试验"的对话框,如图 2-8 所示,点击"确定",自动开始实验。

图 2-8　实验开始选择界面

自动开始实验后，气体流量自动进行调节，约 3 分钟后升降托盘依次上升，样品开始吸附，出现吸附峰，吸附时间约为 9 分钟。吸附饱和后，软件自动进入脱附界面，开始脱附。脱附结束后，自动进入下一个 p/p_0 点的调试，1 分钟后实验重新开始。依次完成 5 个 p/p_0 点的测试。

连续测试 5 个 p/p_0 点，中途一般不需要添加液氮。如果是在温度较高的地方测试，由于液氮挥发的速度较快，当液氮面下降到距离杯口约 4cm 处时，需及时添加液氮。

实验结束后，测试界面自动弹出"所有实验完成"的对话框，最终得到 5 个脱附图，其名称分别为 result0、result1、result2、result3、result4，分别对应的 p/p_0 为 0.30、0.24、0.18、0.12、0.06。每个 p/p_0 下的样品脱附图形如图 2-9 所示。自左至右，第一个峰为标定气体氮气的脱附峰，后面依次为 4 个样品的脱附峰。横坐标表示出峰时间，纵坐标表示电压信号值。

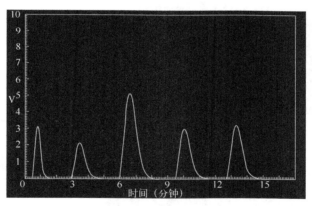

图 2-9　样品脱附图形

实验全部结束后，需及时回收液氮。

五、实验注意事项

① 接触加热装置、热的样品管或加热支架时必须佩戴手套。
② 应在额定电压下使用仪器。

六、实验数据记录与处理

1. 数据记录

样品信息记录见表 2-6。

表 2-6　样品信息记录

样品编号	处理条件	空样品管质量/mg	样品管加样品质量/mg

2. 数据处理

实验结束后，打开采集窗口中的"任务"下拉菜单，如图 2-10 所示。点击"数据管理"，打开数据管理窗口，如图 2-11 所示。

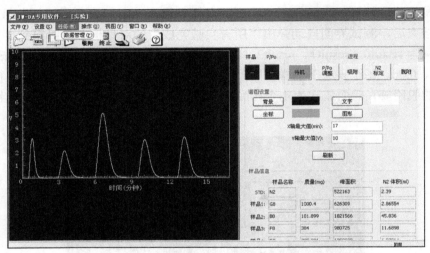

图 2-10　任务选择窗口

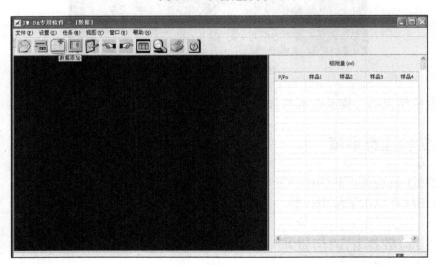

图 2-11　数据管理窗口

点击图 2-11 中的"数据添加"图标，打开如图 2-12 所示的对话框。

图 2-12 数据添加窗口

选中"result0""result1""result2""result3""result4"5 个文件,点击"打开",将这 5 组谱图数据导入"数据"窗口,然后点击窗口中的图标▦,即出现如图 2-13 所示的结果。

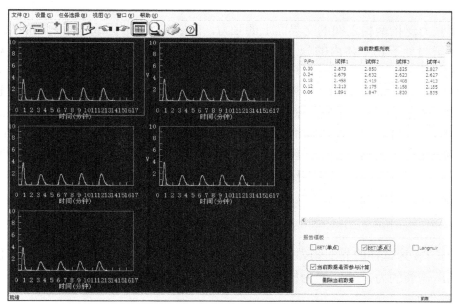

图 2-13 导入数据显示

选中报告模板"BET(多点)",点击打印预览图标🔍,即可预览 4 个样品的多点 BET 比表面积测试报告。

3. 手算数据处理

根据仪器记录的面积、截距等数据手算比表面积,并和仪器计算值比较。

已知氮气在吸附温度 77.2K 的饱和蒸气压为 99.125kPa,一个氮分子的截面积为 $16.2 \times 10^{-20} m^2$,其余参数可查手册。

七、思考与分析

① 讨论造成催化剂比表面积测量值与实际值有差异的原因。

② 同一个样品管里的催化剂,其吸附峰和脱附峰面积有何关系?不同样品管里的催化剂,其脱附峰面积有何关系?脱附峰面积与什么因素有关?

实验三　界面张力测定仪的使用

一、实验目的

① 了解圆环法在界面张力测定方面的应用。
② 能够使用界面张力测定仪测定气液表面张力和液液界面张力。

二、实验原理

界面张力泛指两相之间的交界面上的张力,包括液液、液固或气固之间的张力。处于界面的分子与处于相本体内的分子所受的力不同,在本体内的分子所受的力是对称平衡的,合力为零,但处在界面的分子由于上、下层分子对它的吸引力不同,所受合力不等于零,其合力方向一般情况下垂直指向液体内部,使液体有自动收缩的趋势。单位长度上的收缩张力,称为界面张力。表面张力是界面张力的一种特殊形式,主要涉及气液或气固界面间的张力。对气液、气固界面而言称为表面张力,用 δ 表示,单位是 N/m 或 mN/m。

圆环法是将一铂丝制成的圆环平置在液面上,然后测定使铂丝环拉脱表面所需要的力 W(如图 2-14 所示)。$W=W_{总}-W_{环}$,$W_{总}$ 为铂丝环脱离液面时的最大拉力,$W_{环}$ 为铂丝环的重量。界面张力与 W 的关系为

$$\delta_{界} = \frac{W}{4\pi R} \times F \tag{2-10}$$

式中,$\delta_{界}$ 为试样的界面张力,mN/m;R 为铂丝环的平均半径,mm;W 为使铂丝环拉脱表面所需要的力,μN;F 为校正因子。

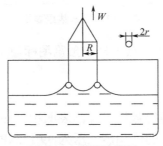

图 2-14　圆环法图示

校正因子 F 是一个经验系数，与铂丝环的尺寸、液体的性质等因素有关，通过 Zuidema&Waters 等式计算得到：

$$(F-a)^2 = \frac{4b}{\pi^2}\frac{1}{R^2}\frac{W}{4\pi R\rho} + C \tag{2-11}$$

$$C = 0.04534 - 1.679\frac{r}{R} \tag{2-12}$$

式中，a 为常数，0.7250；b 为常量，0.09075s^2/m；C 为计算常数；r 为铂丝的半径，mm；ρ 为液体的密度，g/cm^3。

相应的在 GB 6541—1986《石油产品油对水界面张力测定法（圆环法）》中

$$M = \frac{W}{4\pi R} \tag{2-13}$$

$$\delta_{界} = MF \tag{2-14}$$

$$F = 0.7250 + \sqrt{\frac{0.03678M}{R^2(\rho_0 - \rho_1)} + C} \tag{2-15}$$

式中，$\delta_{界}$ 为试样的界面张力，mN/m；M 为膜破时刻度盘读数，mN/m；ρ_0 为水在 25℃ 时的密度，g/cm^3；ρ_1 为试样在 25℃ 时的密度，g/cm^3；F 为校正因子；C 为常数；R 为铂丝环的平均半径，mm。

在 GB 18396—2008《天然胶乳　环法测定表面张力》中

$$M = \frac{W}{4\pi R}$$

$$\delta = MF$$

$$F = 0.7250 + \sqrt{\frac{0.03678M}{R^2\rho} + C} \tag{2-16}$$

式中，δ 为胶乳的表面张力，mN/m；M 为膜破时刻度盘读数，mN/m；ρ 为液体的密度，g/cm^3；F 为校正因子；C 为常数；R 为铂丝环的平均半径，mm。

仪器所采用的工作原理是将高频感应微小位移自动平衡测量系统应用到扭力天平中去。作用到铂丝环上的力发生改变时，与铂丝环所连接的平衡杆在两个涡流探头中产生位移，使两个涡流探头中产生的电感量发生变化，由此引起差动变压器失去平衡，随之电路中差动放大器的输入信号也失去平衡，经放大器放大后输出一个随铂丝环受力变化而变化的电信号，此信号送到微处理机中进行处理，自动计算出被测试样的实际张力值。

三、实验仪器及试剂

主要仪器：JHML 自动界面张力测定仪（主结构图如图 2-15 所示）、分析天平、烧杯、酒精灯等。

主要试剂：实验室自制的洗衣粉，平平加（分析纯），纯水，石油醚（分析纯），铬酸洗液，丁酮（分析纯），乙醇（分析纯），变压器油（化学纯），蒸馏水。

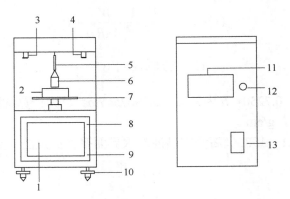

图 2-15　主结构图

1—液晶显示屏；2—样品杯；3—零点微调；4—满量程微调；5—环架杆；6—铂丝环；7—样品托盘；8—无标识按键；9—背光键；10—机脚；11—打印机（另配）；12—打印开关（可选）；13—电源开关

四、实验步骤

1. 开机选择

打开电源开关，选择中英文操作语言，同时出现砝码标定、参数设定、纯水标定、样品测定、数据浏览。

2. 砝码标定

按"砝码标定"进入标定界面。调整零点微调（左手）电位器，使仪表读数在0005~0010之间。按继续，将1g砝码挂在铂丝环上，调整满量程微调（右手）电位器，使当前质量为1000mg，然后退出，标定完成。

3. 参数设定

轻液密度：轻液密度是指密度小的样品密度。
重液密度：重液密度是指密度大的样品密度。
铂丝半径与铂丝环半径：此值为铂金环的规格，注意不能修改。
工作温度：当前实验环境温度，进行纯水标定时该参数作为自动温度补偿的依据。
是否打印：选择测定完成后，仪器是否打印结果。
设置时间：修改仪器显示时间。

4. 纯水标定

在测定样品之前，要用纯水标定，来检查铂丝环和样品杯是否干净，有没有达到测定样品的状态，在确定干净的情况下，才能进行样品测定。

① 准备工作：用石油醚或其他有机溶剂清洗样品杯，接着分别用乙醇和水清洗，再用热的铬酸洗液浸洗，以除去油污，最后用水及蒸馏水冲洗干净。如果样品杯不是立即使用，应将其倒置于一块干净的布上。

用石油醚清洗铂丝环，再用乙醇漂洗，然后在酒精灯火焰中灼烧至微红。

注意：取铂丝环和安装铂丝环时一定要轻拿轻放，安装好铂丝环后，要使铂丝环的圆环部分在同一平面上。

② 标定：修改参数设置内的重液密度为 1000，轻液密度为 0000，工作温度改为当前实验环境温度，其他不需修改。退出再按纯水标定，进入标定界面。

将纯水倒入样品杯至其下刻度线，放置在仪器工作台上。按纯水标定，点击开始键，工作台自动升起，仪器开始测定，30s 后仪器自动计算张力值，纯水标定数值应在 70.5～72mN/m 之间。如出现差异，请重新清洗样品杯，并在酒精灯上灼烧铂丝环至洁净。纯水标定合格后，才能测定样品。

5. 样品测定

① 表面张力的测定：实验室自制洗衣粉的配方见实验室手册。配制 0.5%的洗衣粉溶液，在确定铂丝环与样品杯干净后，将样品杯干燥，把 0.5%的洗衣粉溶液样品倒入样品杯至中刻度线，放在工作台上。在参数设置里，修改重液密度为所测样品的密度，轻液密度为 0。退出按样品测定，点击开始，点击继续，仪器自动测定表面张力值，记录数据。

用同样方法测定 1%、2%、3%等浓度的洗衣粉溶液的表面张力。

② 界面张力的测定：变压器油作为轻液，水作为重液。在确定铂丝环与样品杯干净后，将样品杯干燥，把密度大的样品倒入样品杯至下刻度线，放在工作台上。在参数设置里，修改轻液密度和重液密度为所测两种样品的密度。退出后，按样品测定，点击开始。工作台停止后，将密度小的样品沿样品杯内壁慢慢倒入，超过上刻度线即可。建议等待 5min 左右，待两种样品完全分层后，点击继续，仪器自动测定界面张力值，记录数据。

按上述方法，重液分别选取 0.5%、1%、2%、3%等浓度的平平加溶液，然后再按上述方法测定界面张力。

五、实验注意事项

① 仪器安装在无风、无震动的环境中。
② 铂丝环容易变形，应轻拿轻放。
③ 长时间不用仪器，请将样品托盘降至最低，取下铂丝环单独存放。
④ 请不要对"砝码标定"中的原厂家标定值进行修改。
⑤ 实验应在被测样品对应的国家标准要求的环境中进行，"参数设定"中的"工作温度"是指实验时的环境温度。
⑥ 在测量两种液体间的界面张力时，上层液体的量应足够大以保证铂丝环破膜时是在上层液体中。

六、实验数据记录与处理

① 确定待测洗衣粉的临界胶束浓度。可以由实验测定不同浓度洗衣粉的表面张力，

作出张力-浓度曲线，求出临界胶束浓度。

② 绘制平平加浓度对界面张力的影响曲线。

七、思考与分析

① 临界胶束浓度与什么因素有关？

② 洗衣粉的浓度为何影响表面张力？

第三章

化学反应工程实验

实验四 管式炉催化反应

一、实验目的

① 掌握乙醇脱水实验的反应过程、机理和特点，了解副反应和生成副产物的过程。
② 学习气固相管式催化反应器的构造、原理和使用方法，掌握催化剂评价的一般方法、获得适宜工艺条件的研究步骤和方法。
③ 了解气相色谱仪的原理和构造，掌握其使用方法和分析条件的选择。
④ 学习微量精密计量泵的原理和使用方法，学会使用湿式流量计测量气体流量。

二、实验原理

乙醚是一种应用广泛的化工产品，在工业生产中主要采用硫酸催化乙醇脱水的方法制备。但是这种方法存在一定的缺陷，如劳动强度大、设备腐蚀严重、产品酸度高需要进行碱中和、对环境污染严重、生产成本高等。这些问题引起了化工学者的关注，因而需要着手开发可以取代硫酸的新型催化剂。

目前国内外已有关于乙醇脱水制乙醚固体催化剂的报道，例如各种固体酸催化剂，部分固体催化剂已应用于乙醚的工业生产中，基本上解决了硫酸催化乙醇脱水制乙醚带来的问题，显示出了很高的实际应用价值。管式炉催化反应实验使用的催化剂是以浸渍离子交换法制备的 TiZSM-5 分子筛催化剂。

1. ZSM-5 分子筛催化剂简介

ZSM 是 Zeolite Socony Mobil 的缩写，是美国 Socony Mobil 公司研究和开发的一系列新型合成沸石，其中，ZSM-5 是在 20 世纪 60 年代合成的一种目前应用最广泛的沸石。ZSM-5 分子筛具有均匀的孔结构、较大的表面积、较高的表面极性，孔径的大小与通常分子相当。一些具有催化活性的金属可以通过交换进入 ZSM-5 分子筛的内部，然后还原为金属单质状态，获得较高的分散度。此外，ZSM-5 分子筛骨架结构的稳定性很高。这些结构性质，不仅使分子筛成为优良的吸附剂，而且使其成为良好的催化剂和催化剂载体。

ZSM-5 分子筛催化剂主要作为酸性催化剂和双功能催化剂使用。

对 ZSM-5 分子筛催化作用的广泛研究表明，在浓硫酸、氯化铝和无定形硅酸铝中发生的反应，同样可以在 ZSM-5 分子筛催化剂上进行。ZSM-5 分子筛催化的显著特点是对许多反应都有催化活性，就像酶催化一样，但酶催化的操作温度和 pH 值范围较小，而分子筛在非常宽的温度范围都有催化活性，且许多反应仍有很高的转化率。分子筛起酸性催化剂的作用，但它不像氯化铝那样容易与反应物配合，也不像硫酸那样具有腐蚀性和容易发生磺化与氧化反应。在分子筛上的裂解、异构化、烃基化、歧化、水合和脱水等反应均属酸催化反应。ZSM-5 分子筛作为催化剂最明显的特点是对分子的大小有很强的选择性。

2. 催化反应机理

主反应：$CH_3CH_2OH \longrightarrow CH_3CH_2OCH_2CH_3 + H_2O$

副反应：$CH_3CH_2OH \longrightarrow CH_2 = CH_2 + H_2O$

在实验中，产物乙醚和未反应的乙醇留在液体中，而副产物是挥发性气体，进入湿式流量计计量总体积后排出。通过计算不同反应温度条件下的转化率和反应速率，可以得到不同反应温度下的反应速率常数。

3. 管式炉催化反应器简介

反应器一般可以分为微分反应器和积分反应器两种形式，两者的实验原理和数据处理方式不同，对催化剂和反应器结构的要求也不同。

积分反应器通常安装在一个较大的反应管内，高径比一般较大，而选用的催化剂通常是经过微分反应器初步筛选的，粒度较大。由于气体、液体流速一般很小，因此催化剂床层温度和浓度存在很大的梯度分布，使各点的反应不均匀。影响反应速率的不仅是催化剂成分，还有催化剂制造工艺、催化剂颗粒的大小和形状、反应器的结构、物料的空速等因素，因此反应速率是一个受多因素影响的综合参数。

积分反应器可以评价一定组成和颗粒形状的催化剂的最佳温度、压力和空速等工艺条件。对于放热或吸热反应，在反应过程中还会存在床层温度的最大或最小值，由此可以确定控制点的位置和变化范围，选择合理的控制方式，为以后的反应器放大打好基础。

使用积分反应器不但要考虑催化剂的转化率、选择性，还要评价在某个适宜空速下的操作温度和催化剂寿命、产率、生产能力等情况。

本实验采用管式炉催化反应器，是一个典型的管式积分反应器，一般简称为管式炉。该反应器包括反应管和预热器。为了方便安装和密封，反应管和预热器采用一体结构，用一只反应管加工而成。反应管上部是预热器，用于汽化乙醇生成蒸气。预热器内填充瓷环，可以提高传热效果和增大传热面积。汽化后的乙醇经预热器进入反应器的瓷环部分，通过催化剂床层进行反应。

本实验装置最高使用温度：650℃；最高使用压力：0.1MPa；气体流量范围：0.05～0.5L/min；反应器内径：19mm。

三、实验仪器及试剂

主要仪器：乙醇脱水管式炉催化反应装置、sp-6801A 型气相色谱仪及计算机数据采集和处理系统、微量精密计量泵、湿式（气体）流量计、升降台、电子天平、皂膜流量计、秒表、玻璃收集瓶、冷凝器、烧杯（2000mL）、量筒（50mL）、称量瓶、瓷环、岩棉、氮气钢瓶、湿式流量计。

主要试剂：乙醇脱水催化剂、无水乙醇（分析纯）、乙醚（分析纯）、盐酸（分析纯）、蒸馏水、氮气、冰块等。

乙醇脱水管式炉催化反应装置工艺流程：本装置设有两个液路进料，并且预热器、反应器、混合器三位一体设计，一般用于粒度在 1~3mm 之间的催化剂。

料液无水乙醇由微量精密计量泵计量流量后进入预热器，预热汽化后直接进入反应器反应。预热器的温度可以从仪表上设定，一般为 100~500℃。反应器为一段控制加热，其加热系统由仪表或手动调压器来控制，反应器内催化剂床层轴向温度也由仪表测量。反应生成的产物经冷凝器后进入分离器，在分离器中分离为气液两相（分离器用水浴或冰浴冷却），气相经平面六通阀进入到湿式流量计以计量流量和体积。由于气体中的主要成分为乙烯，因此一般不做色谱分析，而直接用尾气湿式流量计的读数做物料衡算。分离器中的液体经过阀门控制放出并称重。实验流程如图 3-1 所示。

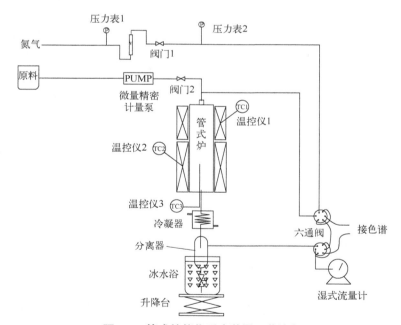

图 3-1 管式炉催化反应装置工艺流程

四、实验步骤

1. 催化剂及仪器安装

将准备好的催化剂在精密天平上称重并记录。根据反应管的内径计算出 50mL 催化剂所占的高度。准备 2～3mm 的碎瓷环,瓷环应预先在稀盐酸中浸泡,并经过水洗、高温烧结以除去催化活性。

从装置上拆下反应管,在反应管底部放入少量岩棉,然后放入适当高度的瓷环(以确保催化剂处于恒温区的最佳位置),准确测量瓷环高度并记录。再放入少量岩棉,加入 0.5mL 石英砂,将称量好的催化剂缓慢加入反应器中,并轻微振动,然后记录催化剂高度,确定催化剂在反应器内的装填高度。再装入碎瓷环至反应管管口(切记不要填至反应管密封口处)。装填过程中可以轻轻敲打反应管外壁,以保证不出现架桥现象,然后将反应管顶部密封。

将反应管插入到加热炉中,连接乙醇的进口,拧紧卡套。连接好冷凝器和反应器的接口,并把玻璃收集瓶和冷凝器连接好。玻璃收集瓶应放置在烧杯内,烧杯内装有适量的水、冰、盐酸混合物,以保持冷却温度在零度以下,使产物中的乙醇、乙醚、水能完全冷凝成液体被收集起来。没有冷凝的乙烯等气体则进入尾气湿式流量计,计量流量后放空。

2. 气相色谱检测

① 打开氮气钢瓶开关,调节氮气钢瓶输出压力为 0.4～0.5MPa,调节气相色谱仪减压阀压力约为 0.4MPa,柱前压力约为 0.2MPa,尾吹压力为 0.1～0.2MPa,运行 10min 以上。

② 打开气相色谱仪电源,按"温度参数"键。依次设定:DETE=160℃,INJE=160℃,AUXI=000,OVEN=120℃。如果原设置正确,也可以按"继续上次操作",然后按加热键进行加热操作。待恒温灯亮后,桥电流显示为"开"(意思是可以打开桥电流),打开桥电流,设置为 100(注意:温度未恒定时严禁设置桥电流,否则容易烧坏铼钨丝)。

③ 打开 N2000 在线色谱工作站,打开通道 1(或通道 2),依次点击 OK、数据采集、查看基线、零点校正。待气相色谱仪基线稳定后,再调节基线的位置在"0",稳定一段时间(约 30min)再进样。

④ 标准溶液配制:烧杯中依次加入 3g 无水乙醇、5g 乙醚、2g 蒸馏水,各组分用分析天平准确称重,混合均匀后转入容量瓶中。盖好容量瓶防止挥发,用微量进样器取 0.2～0.6μL 标准溶液,注入气相色谱仪中进行测量。

3. 实验准备

① 校正微量精密计量泵流量:根据实验要求,需要校正微量精密计量泵的流量,利用装置进料总时间和总消耗量进行校正。

② 湿式流量计准备:拧下湿式流量计背面的溢水口接头,从顶口处往里灌水,到溢水口刚好有水流出,拧上接头,装好各配件,连好尾气出口。

③ 仪表参数的设定:按仪表的上、下光标键,可以看到仪表显示窗内的数值在增加或减小。当仪表读数达到需设置的数值时即完成操作,数十秒后仪表将自动工作。范围详见实验操作。

4. 实验操作

① 检查各仪器安装无误、连接良好后,打开装置总电源开关。

② 将反应器加热温度设定为 220℃,预热器温度设定为 120℃。温度设定无误后,打开加热开关。打开冷凝水调整适当的流速。

③ 温度达到设定值后，用微量精密计量泵加入无水乙醇，记录无水乙醇总量（带瓶）和开机时间。无水乙醇的加料速度为 0.5~2.0mL/min。调节升降台高度，使冰水混合物浸没玻璃收集瓶。观察湿式流量计的指针，如果不走动，检查湿式流量计的气密性。

④ 反应进行 30min，先将玻璃收集瓶里的液体排空到废液瓶里，关好旋塞，计时开始，同时记录湿式流量计读数。

⑤ 反应计时 25min，立即将产品从玻璃收集瓶中转移至称好质量的称量瓶内，同时记录湿式流量计读数。用分析天平称出产品的质量，与步骤④的湿式流量计的读数相减得到本时间段内乙烯的产量。

⑥ 用气相色谱仪分析产品组成，计算出各组分的质量分数。

⑦ 改变反应温度，每次提高 15~25℃，反应温度不超 270℃。重复上述实验步骤，得到不同反应温度下的原料乙醇的转化率、产物乙醚的收率、产物乙醚的选择性。根据动力学模型，计算反应速率常数。（可选操作：也可改变加料速度进行实验。）

⑧ 反应完毕后停止乙醇进料，拧紧乙醇瓶盖，记录微量精密计量泵停止时间和剩余无水乙醇（带瓶）的质量。

⑨ 检测结束后，关闭桥电流，停止加热。等气相色谱仪检测器温度（OVEN）降到 70℃以下后，关闭氮气钢瓶总阀。

⑩ 将废液收集到废液瓶中，清洗各种玻璃仪器，关闭冷凝水开关。

⑪ 实验结束后关闭水、电，待实验指导教师检查签字后，结束全部实验。

五、实验注意事项

① 关闭气相色谱仪时，一定要先关闭桥电流，再停止加热。
② 气相色谱仪检测器温度需降到 70℃以下方能停止通氮气。

六、实验数据记录与处理

1. 乙醇、乙醚、水相对校正因子的求取

① 实验在常压下进行，产物分析用 sp-6801A 型气相色谱仪，分析操作条件记录在表 3-1 中，分析数据用色谱工作站处理。

表 3-1　气相色谱分析操作条件

室温/℃	室内压力/MPa	柱箱温度/℃	汽化室温度/℃	检测器温度/℃	桥电流/mA	信号衰减

② 配制乙醇、乙醚、水的标准溶液，测得各组分的面积含量 A_i，记录在表 3-2 中。

表 3-2　标准溶液气相色谱分析原始记录表

组分	乙醇	乙醚	水
保留时间 t/min			
质量 m_i/g			

续表

组分	乙醇	乙醚	水
质量分数 W_i/%			
第一次分析 A_i'/%			
第二次分析 A_i'/%			
第三次分析 A_i'/%			

出峰顺序为水、乙醇、乙醚，采用乙醇为基准求各组分的相对校正因子，见表3-3。

表3-3 各组分相对校正因子 f_i'

组分	乙醇	乙醚	水
第一次分析 f_i'			
第二次分析 f_i'			
第三次分析 f_i'			
平均相对校正因子 f_i'			

2. 实验数据记录

① 在实验中，每隔一定时间记录反应器和预热器的加热温度、催化剂床层温度（反应温度）。如有必要，也可以轻轻拉动反应器内的测温热电偶，测定催化剂床层的温度分布。

② 在每一个温度下实验时，应记录实验前后尾气湿式流量计的体积，同时称量反应时间内得到的液体产物的质量，并用气相色谱进行分析。

实验原始记录见表3-4。

表3-4 实验原始记录

时间	预热器/℃	反应器/℃	反应物乙醇		
			流量/(mL/min)	时间/min	体积/mL

3. 数据处理及结果讨论

至少分析两次所得液体产物的组成，并用相对校正因子校正所得的质量分数，对液体进行物料衡算。产品分析结果见表3-5。

表3-5 产品分析结果

反应温度/℃	乙醇加入量/mL	产品							
		水		乙醇		乙醚		乙烯	
		质量分数/%	质量/g	质量分数/%	质量/g	质量分数/%	质量/g	质量分数/%	质量/g

续表

反应温度/℃	乙醇加入量/mL	产品							
		水		乙醇		乙醚		乙烯	
		质量分数/%	质量/g	质量分数/%	质量/g	质量分数/%	质量/g	质量分数/%	质量/g

对以上实验,根据记录的数据进行处理,分别将原料乙醇的转化率、产物乙醚的收率、乙醚的选择性对反应温度作图,找出最适宜的反应温度区域,并对所得实验结果进行讨论。

$$乙醇的转化率 = \frac{原料中乙醇的质量 - 产物中乙醇的质量}{原料中乙醇的质量} \times 100\%$$

乙醚的选择性=(乙醚物质的量×2/反应的乙醇物质的量)×100%

乙醚的收率=乙醇的转化率×乙醚的选择性

七、思考与分析

① 反应转化率的提高和哪些因素有关系?
② 应如何提高反应的选择性?
③ 怎样确定最适宜的反应条件?
④ 怎样对整个反应过程进行物料衡算?

实验五 多功能反应

一、实验目的

① 了解流化床反应、固定床反应以及釜式反应装置的特点。
② 了解乙醇气相脱水制乙烯的过程,学会设计实验流程和操作条件。
③ 掌握乙醇气相脱水操作条件对产物收率的影响,学会获取稳定工艺条件的方法。
④ 了解流化床与固定床的床型结构和操作方法,能够进行釜式反应操作。

二、实验原理

1. 乙醇脱水反应原理

乙醇在催化剂存在下受热发生脱水反应,既可分子内脱水生成乙烯,也可分子间脱水生成乙醚。乙醇脱水生成乙烯和乙醚,是一个吸热、分子数增多的可逆反应。提高反应温度、降低反应压力,都能提高反应转化率。高温利于乙烯生成,低温利于乙醚生成。现有的研究报道认为,乙醇分子内脱水可看成单分子的消去反应,分子间脱水一般认为是双分子的亲核取代反应,是相互竞争的反应过程。

低温下主要反应：$2C_2H_5OH \longrightarrow C_2H_5OC_2H_5 + H_2O$

高温下主要反应：$C_2H_5OH \longrightarrow C_2H_4 + H_2O$

目前,在工业生产方面,乙醚绝大多数是由乙醇在浓硫酸液相作用下直接脱水制得,但生产设备会受到严重腐蚀,且排出的废酸会造成环境污染。因此,研究开发可以取代硫酸的新型催化体系已成为当代化工生产中普遍关注的问题。

本实验采用 ZSM-5 分子筛为催化剂,在不同反应器中进行乙醇脱水反应研究。通过改变反应温度和反应的进料速度,可以得到不同反应条件下的实验数据,通过对气体和液体产物的分析,可以得到反应的最佳工艺条件和动力学方程。

在实验中,产物乙醚和水在液相中,乙烯是挥发性气体,乙烯进入尾气湿式流量计计量总体积后排出。不同反应温度条件下,分别计算转化率和反应速率,可以得到不同反应温度下的反应速率常数。

ZSM-5 分子筛催化剂的最佳乙烯收率温度：200~300℃；预热器温度：120~150℃；乙醇进液量：0.4~1.0mL/min。

分子筛作为乙醇脱水催化剂一般使用时间较长,但由于操作不当或其他原因造成催化剂失活,需要再生。再生方案如下：氮气流量控制在约 100mL/min,空气流量控制在 100mL/min 以下,温度从室温到 400℃逐渐升高,最后达到 500℃停留 2h,总时长 5h,降温后待用。

2. 固定床反应器原理

固定床反应器又称填充床反应器,它与流化床反应器的区别在于固体颗粒处于静止状态,结构简单,制造方便。具有以下优点：①催化剂在床层内不易磨损；②床层内流体的流动接近于平推流,与返混式反应器相比,用较少的催化剂、较小的反应器容积会获得较大的生产能力；③结构简单,操作便捷。但也有不利的一面：①传热较差；②操作过程中催化剂不能更换,对需要频繁再生的催化反应不适用。

本实验中固定床装置是管式反应器,床内有直径 3mm 的不锈钢套管,并在管内插入直径 1mm 的热电偶测定反应温度。床层内从上到下依次为气体分布板、催化剂支撑板、支撑杆。其中恒温区长度为 200mm,催化剂处于静止状态让反应物通过加热的固定床反应床层,乙醇即发生脱水反应。

3. 流化床反应器原理

如果将催化剂颗粒尺寸减小到 1mm 以下,在反应器内由下至上通入反应物(气体或液体),此反应物通过床层的速度增大到一定值后,上升的气体或液体将会把粒子带起,使流体中的粒子呈悬浮状态。若一直保持这一流速,则床层的粒子会不断上下跳动沸腾,这时称为沸腾流化床操作。它与固定床的不同点是在流化床中粒子沸腾时,可将热量快速从壁上传至内部,而且床层内温度很均匀,这是流化床的优点。如果流化床的进料速度过大,会将粒子吹出,这时粒子便进入移动状态。在催化裂化反应中,催化剂可从反应床移至再生床,从再生床再回到反应床,并周而复始稳定循环,以保持较高催化活性。工业催化裂化采用上述循环法操作，但在实验室一般不采用循环法操作，多采用在一个反应器内反应后再进行再生。催化剂因积炭而失活，采用空气和氮气的混合气在同一个反应器内保持500℃流化状态下操作，活化一定时间，能使催化剂恢复活性。乙醇脱水反应催化剂失活时可按此方法进行再生。

与固定床反应器相比，流化床反应器的优点是：①可以实现固体物料的连续输入和输出；②流体和颗粒的运动使床层具有良好的传热性能，床层内部温度均匀，而且易于控制，特别适用于强放热反应。

但流化床反应器由于返混严重，对反应器的效率和反应的选择性有一定影响。再加上气固流化床中气泡的存在使得气固接触变差，导致气体反应不完全。因此，单程转化率高的反应通常不适合使用流化床反应器。此外，固体颗粒的磨损和气流中的粉尘夹带，也使流化床的应用受到一定限制。为了限制返混，可采用多层流化床或在床内设置内部构件，这样便可在床内建立一定的浓度差或温度差。

在垂直的容器中装有固体颗粒，当由容器底部经多孔填料分布段通入气体时，起初固体颗粒静止不动为固定床状态，这时气体只能从固体缝隙通过。随着气量增大，当达到某一数值时，颗粒开始松动，此时的表观速度（空塔速度）称为起始流化速度，亦称临界流化速度。此时，颗粒空隙率增大，粒子悬浮，处于运动状态，床层面明显升高，床内压降在达到流化状态后，再加大流速床层高度也基本不变。

4. 釜式反应器原理

釜式反应器是一种低高径比圆筒形反应器，是化学工艺过程中重要的单元设备，适用于液液、气液、液固、气液固等多相反应过程。釜内设有搅拌装置，釜外侧往往设置有夹套，用于加热或冷却。釜式反应器机械设计已经成熟，用途十分广泛。釜式反应器可以间歇操作，也可以连续操作。其优点是适用性及操作弹性大、出料容易及反应器清洗方便。不利的方面是换热面积小，反应温度不易控制，停留时间不一致等。本实验反应釜内带有冷却盘管，可用于硝化、聚合、加氢、缩合、酯化等反应。

三、实验仪器及试剂

主要仪器：多功能反应装置（工艺流程图如图3-2所示）、分析天平、烧杯等。

主要试剂：无水乙醇（分析纯）、无水乙醚（分析纯）、氮气。

多功能反应装置说明：多功能反应装置由固定床反应器、流化床反应器及釜式反应器组成。催化剂已由厂家装填。固定床反应器是管式反应器，采用三段加热控温方式，正常使用温度为300～500℃，最高工作温度为600℃，功率为1500W，电压为220V。反应器内径是15mm，316L不锈钢材质。流化床反应器为不锈钢制，下部有陶瓷环填料做预热段，中下部为流化膨胀的催化剂浓相段，中上部为催化剂稀相段。反应器内径是32mm，顶部为扩大段，内径68mm。采用三段加热控温方式，正常使用温度300～500℃，最高工作温度600℃，功率为1800W，电压220V。釜式反应器设计压力12.5MPa，设计温度350℃，操作压力6.0MPa，操作温度300℃，搅拌转速20～1500r/min，公称容积1L；釜体、釜盖、釜内与物料接触部分、磁力密封、管口接头及阀门等材质均为不锈钢S32168，保温外壳材质为 S30408。搅拌器为推进式搅拌器。釜盖上的接口包括进气口（插底管/三通/配阀 DN3）、出气口（DN3）、测温口、搅拌口、固料口（丝堵/DN10）、冷却水进出口等。

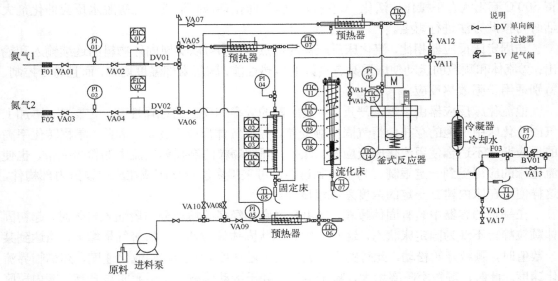

图 3-2　多功能反应工艺流程图

四、实验步骤

1. 固定床反应器实验步骤

① 实验准备

通电检查：打开总电源上电，检查确保各温度显示、压力显示、进料泵启动、搅拌启动及温槽启动均正常。

气密性检查：设定质量流量计为 1L/min，向系统内充氮气至反应器压力达 0.1MPa，关闭质量流量计，压力读数 5min 内不下降为合格。

恒温槽准备：恒温槽内加入去离子水至约 2/3 高度，备用。

② 开车操作

冷却水开启：开启恒温槽冷却水循环，可调节冷却水温度 5~15℃。

阀门调节：设定氮气流量 1L/min，打开 VA01，观察入口压力稳定，再缓慢开启手动流量阀 VA02 至最大（VA02 主要用于保护质量流量计，实验完成后，切记关闭），同时将尾气出口阀 VA11 切换至固定床，VA13 全开（若需要进行背压实验，VA13 关闭，调节 BV01）。

升温操作：待氮气流量稳定 2min 后，设定预热炉温度 200℃，固定床反应器一段 300℃、二段 300℃、三段 200℃，伴热温度 120℃（注意反应炉温度一般高出床层 40~80℃）。

进料操作：当预热器、反应器、伴热温度稳定后，开启进料泵，调节进料流量 1.5mL/min，反应进行 10~20min 后，放净气液分离器内产品。

数据记录：每隔 10~20min 记录床层温度、累计气体流量，记录 1~3 次，放出气液分离器中液体称重，并进行色谱分析；配制水、无水乙醇、无水乙醚的标准溶液约 10mL，准确称量各组分质量，计算各组分含量，并对标准溶液进行色谱分析，以确定水、无水乙醇、无水乙醚的相对校正因子。

进料流量改变：改变进料流量为 1mL/min、0.5mL/min，重复实验。反应进行 10min 后，正式开始实验，每隔一定时间记录床层温度。每个流量下反应 30min，取出气液分离器中的液体称重，并进行色谱分析。

反应温度改变：改变 2~3 次反应温度，重复实验。

测试不同加料速度或不同反应温度下的原料转化率、产物乙烯收率、副产物乙醚的生成速率。

③ 停车操作

关闭进料泵，停止进料。待装置内物料基本反应完毕后，关闭预热炉和反应炉电源，并调节氮气流量至 300mL/min，等待反应温度降温至 50℃以下关闭进气气源，关闭冷却水。实验完成，关闭电源。

2. 流化床反应器实验步骤

① 实验准备

参考固定床反应器实验准备。

② 开车及停车操作

冷却水开启：开启恒温槽冷却水循环。

阀门调节：设定氮气流量 10L/min，打开 VA03，观察入口压力稳定，再缓慢开启手动流量阀 VA04 至最大（VA04 主要用于保护质量流量计，实验完成后，切记关闭），同时将尾气出口阀 VA11 切换至流化床，VA13 全开（若需要进行背压实验，VA13 关闭，调节 BV01）。

升温操作：待氮气流量稳定 2min 后，设定预热炉温度 230℃，流化床反应器一段 300℃、二段 300℃、三段 200℃，伴热温度 120℃（注意：反应炉温度一般高出床层 40~80℃）。

进料操作、数据记录、进料流量改变、反应温度改变，以及停车操作参考固定床反应器部分。

3. 釜式反应器操作步骤

① 安装与试压

卸下冷凝器和进口管路，用扳手小心将釜的紧固螺帽松开卸下来，将釜盖打开，擦拭釜内，加入一定量液体后扭紧螺帽，拧紧过程中保证所有螺丝扭力相同，在进气口用氮气充气至 6MPa，关闭阀门，5min 内不下降说明气密性良好。如下降要用肥皂水涂拭各接口处查漏，直至不降为止方可进行实验。

将各部分的控温、测温热电偶放入相应位置的孔内。检查操作台板面各电路接头，检查各接线端与线上标记是否吻合。检查仪表柜内接线有无脱落，电源的相、零、地线位置是否正确。

② 加料及实验

进行间歇反应时，要打开釜的加料口（加料口卸下接头将入口露出来），根据实验条件将原料加入反应器内。本实验可加入一定量的无水乙醇，以及 50mL 的 50 目左右的催化剂颗粒。

进行连续反应时，需提前向釜内加入一定体积的惰性溶剂或者其中一种液体反应物，反应原料液经过计量泵计量后，进入预热器汽化，最后经釜的进气口进入釜内，在釜内发生反应。产物经冷凝器冷凝，气液相在气液分离器内发生分离，尾气经背压阀背压后排出。

③ 控制

开机前先接通搅拌冷却水，运行过程及温度较高的情况下冷却水要保证一直开通，防止内转子高温退磁。磁力耦合传动器应使用单独的冷却水系统，严禁冷却水经过釜内冷却盘管循环后进入磁力耦合传动水套内。

开启釜总开关。调节电机的转速以及釜的加热温度，并给冷凝器通冷却水。

④ 停止操作

关闭釜加热开关。由于降温较慢，需冷却时可通冷却水急速降温。

五、实验注意事项

① 当改变流速时固定床和流化床内温度会发生变化，故调节温度一定要在固定的流速下进行。

② 反应中要定时取液体产物进行分析（在分离器下部放出）。

③ 气相色谱仪检测器温度需降到 70℃ 以下方能停止通氮气。

六、实验数据记录与处理

1. 乙醇、乙醚、水相对校正因子的求取

① 实验在常压下进行，气相色谱分析操作条件记录在表 3-6 中。

表 3-6　气相色谱分析操作条件

室温/℃	室内压力/MPa	柱箱温度/℃	汽化器温度/℃	检测器温度/℃	桥电流/mA	信号衰减

② 配制乙醇、乙醚、水的标准溶液，测得各组分的面积含量 A_i，记录在表 3-7 中。

表 3-7　标准溶液色谱分析原始记录表

组分	乙醇	乙醚	水
保留时间 t/min			
质量 m_i/g			
质量分数 W_i/%			
第一次分析 A_i/%			
第二次分析 A_i/%			
第三次分析 A_i/%			

出峰顺序为水、乙醇、乙醚，采用乙醇为基准求各组分的相对校正因子，见表 3-8。

表 3-8　各组分相对校正因子 f_i'

组分	乙醇	乙醚	水
第一次分析 f_i'			
第二次分析 f_i'			
第三次分析 f_i'			
平均相对校正因子 f_i'			

2. 原始记录

每完成一个温度下的实验时，应记录实验前后尾气湿式流量计的体积，同时称量反应时间内得到的液体产物的质量，并用气相色谱进行分析。至少分析两次所得液体产物的组成，并用相对校正因子校正各组分质量分数，对液体进行物料衡算。实验原始记录可参考表 3-9。

表 3-9　原始记录

时间	预热器/℃	反应器/℃	反应物乙醇		
			流量/(mL/min)	时间/min	体积/mL

3. 数据处理及结果讨论

数据记录及处理见表 3-10。

表 3-10　数据记录及处理

编号	时间	反应条件		乙醇进料量/(mL/min)	氮气进气量/(mL/min)	产物组成（质量分数）/%				湿式气体流量计累计流量/mL
		温度/℃	压力/MPa			乙烯	水	乙醇	乙醚	

七、思考与分析

① 气相色谱对液体产物进行定性和定量分析的原理是什么？
② 怎样对整个反应过程进行物料衡算？
③ 如何求取相对校正因子？
④ 有哪些实验收获和建议？

第四章

化工热力学实验

实验六 汽液平衡数据的测定

一、实验目的

① 能够测定常压下的汽液平衡数据并正确收集实验数据。
② 了解所使用 Wilson 活度系数方程的适用性和局限性,能够使用汽液平衡数据回归 Wilson 活度系数方程的参数,能够将 Wilson 活度系数方程应用于更多汽液平衡数据的获取。

二、实验原理

气相区根据气体加压是否能够液化,可以进一步细分为汽相区和气相区。低于临界温度的气体称为蒸气,简称汽,加压可以液化;高于临界温度的气体,加压不能液化,称为气体。汽相和气相可统称为气相,常把汽相与液相之间的平衡研究称为汽液平衡(或气液平衡)。

在化学工业中,汽液平衡数据是精馏、吸收等单元操作的基础数据。此数据对提供最优化的操作条件,减少能源消耗和降低成本,都具有重要的意义。尽管许多体系的平衡数据可以从资料中找到,但这往往是在特定温度和压力下的数据。随着科学技术的迅速发展,以及新产品、新工艺的开发,许多物系的平衡数据还未经前人测定过,现有汽液平衡数据远不能满足工程计算的需要。汽液平衡数据测定的意义,其一是直接获取汽液平衡数据;其二是用于回归活度系数方程中的参数,将其用于理论计算进而获取更多的汽液平衡数据。

平衡数据实验测定方法有两种,即间接法和直接法。直接法中又有静态法、流动法和循环法等,其中循环法应用最为广泛。若要测得准确的汽液平衡数据,平衡釜是关键。

用常规的平衡釜测定平衡数据,需样品量多,测定时间长。本实验用的小型平衡釜主要特点是釜外有真空夹套保温,可观察釜内的实验现象,且样品用量少,达到平衡速度快,因而实验时间短。

本实验装置利用智能仪表对平衡釜加热进行精密控制,测温采用精密测量,釜的结构及取样均采用特殊设计,保证了各数据点的可靠性,压力调整系统和取样系统的设计保证了数据的准确性和快捷性。

以循环法测定汽液平衡数据的平衡釜类型虽多,但基本原理相同,如图 4-1 所示。当体系达到平衡时,两个容器的组成不随时间变化,这时从 A 和 B 两容器中取样分析,即可得到一组平衡数据。平衡釜的选择原则是易于建立平衡、样品用量少、平衡温度测定准确、汽相中不夹带液滴、液相不返混及不易暴沸等。

本实验采用的平衡釜示意图如图 4-2 所示。

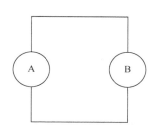

图 4-1 循环法测定汽液平衡数据示意图

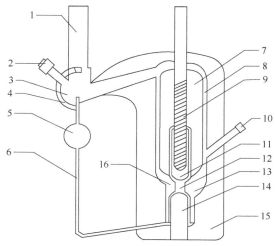

图 4-2 汽液平衡釜示意图

1—磨口;2—汽相取样;3—汽相贮液槽;4—连通管;
5—缓冲球;6—回流管;7—平衡室;8—钟罩;
9—温度计套管;10—液相取样口;11—液相贮液槽;
12—提升管;13—沸腾室;14—加热套管;
15—真空夹套;16—加料液面

二元物系在釜的底部被加热沸腾,汽液混合物通过喷嘴喷洒到有冷却翅片的玻璃管上,液相回流,汽相则进入球形冷凝器内。在球形冷凝器内,汽相冷凝成液相回流到釜底,完成循环。控制系统压力为常压。

当体系达相平衡时,除了汽、液相的温度和压力分别相同外,各组分的化学位和分逸度也相等,其相平衡判据为:

$$\hat{f}_i^V = \hat{f}_i^L \tag{4-1}$$

式中,$\hat{f}_i^V$ 为组分 i 在汽相混合物中的分逸度,Pa;$\hat{f}_i^L$ 为组分 i 在液相混合物中的分逸度,Pa。

根据分逸度的计算方法以及标准态的选取原则,可得:

$$y_i \hat{\phi}_i^V p = x_i \gamma_i f_i^\ominus \tag{4-2}$$

$$f_i^{\ominus} = f_i^{L} = \phi_i^{s} p_i^{s} \exp\int_{p}^{p^s} \frac{V_i^{L}}{RT} dp \tag{4-3}$$

式中，y_i、x_i 分别为组分 i 在汽、液相中的摩尔分数；$\hat{\phi}_i^{V}$ 为汽相中组分 i 的分逸度系数，常压下汽相可视为理想气体，该值约为 1；p 为体系压力，Pa；γ_i 为液相中组分 i 的活度系数；$f_i^{\ominus}$ 为组分 i 的标准态逸度，Pa；f_i^{L} 为纯组分液体 i 在体系温度和压力下的逸度，Pa；p_i^{s} 为纯组分 i 在体系平衡温度时的饱和蒸气压，Pa；$\hat{\phi}_i^{s}$ 为纯组分 i 在体系平衡温度和其饱和蒸气压 p_i^{s} 时的逸度系数，实验测试条件下，$\hat{\phi}_i^{s} \approx 1$；$\exp\int_{p}^{p^s}\frac{V_i^{L}}{RT}dp$ 为 Poynting 因子，中低压条件下，该值约为 1。

由此

$$f_i^{\ominus} \approx p_i^{s}$$

从而得出低压下汽液平衡关系式为：

$$p y_i = x_i \gamma_i p_i^{s} \tag{4-4}$$

变形可得：

$$\gamma_i = \frac{p y_i}{x_i p_i^{s}} \tag{4-5}$$

p_i^{s} 可用 Antoine 公式计算，即

$$\lg p_i^{s} = A_i - \frac{B_i}{t + C_i} \tag{4-6}$$

式中，A_i、B_i、C_i 为 Antoine 常数，本实验乙醇、水的 Antoine 常数见表 4-1；t 为 i 组分的温度，℃；p_i^{s} 为 i 组分的饱和蒸气压，mmHg。

表 4-1 乙醇、水的 Antoine 常数

物质	Antoine 常数			适用温度
	A	B	C	℃
乙醇（1）	8.1122	1592.864	226.184	20～93
水（2）	8.07131	1730.630	233.426	1～100

由实验测得汽液平衡数据，则可用式（4-5）计算出不同组成下的活度系数。
本实验中活度系数和组成关系采用 Wilson 方程关联。Wilson 方程为

$$\ln \gamma_1 = -\ln(x_1 + x_2 \Lambda_{12}) + x_2 \left[\frac{\Lambda_{12}}{x_1 + x_2 \Lambda_{12}} - \frac{\Lambda_{21}}{x_2 + x_1 \Lambda_{21}} \right] \tag{4-7}$$

$$\ln \gamma_2 = -\ln(x_2 + x_1 \Lambda_{21}) + x_1 \left[\frac{\Lambda_{21}}{x_2 + x_1 \Lambda_{21}} - \frac{\Lambda_{12}}{x_1 + x_2 \Lambda_{12}} \right] \tag{4-8}$$

式中，γ_1、γ_2 分别为组分 1、组分 2 的活度系数；Λ_{12} 和 Λ_{21} 为二元配偶参数。

Wilson 方程二元配偶参数 Λ_{12} 和 Λ_{21} 由测定的二元汽液平衡数据回归获取，方程参数求解可采用 Excel 迭代或自编小程序等方法。

三、实验仪器及试剂

主要仪器：汽液平衡装置（配备汽液双循环小型平衡釜、自动控温仪表、釜外真空夹套保温）、气相色谱仪、色谱工作站、称量瓶（30×30）、取样瓶、分析天平、针筒、微量注射器。

主要试剂：无水乙醇（色谱纯），无水乙醇（分析纯），去离子水。

四、实验步骤

① 采用高纯氮气为载气，打开氮气钢瓶开关，调节氮气钢瓶输出压力为0.2～0.3MPa，载气流量约30～40mL/min，通载气10min以上。

② 打开气相色谱仪开关，调节色谱初始压力0.22～0.24MPa，柱前压0.15MPa；设定柱箱温度：130℃；汽化室温度：160℃；检测器（TCD）温度：160℃；启动加热。恒温灯亮以后设定桥电流：100mA；衰减：1倍。色谱稳定30min。打开色谱工作站，进液量0.2～0.4μL，进行分析。

③ 配制已知浓度的乙醇-水标准溶液，测定水的相对校正因子。相对校正因子测定3次，取均值。

④ 对带有压力控制系统的设备，将针筒与系统相连，抽出或打入一定量气体，控制系统压力为常压。

⑤ 在干燥的平衡釜内加入乙醇-水溶液约30～45mL至方便取样的位置。开启冷凝水，打开循环水浴，打开加热电源开关，开始时缓慢加热。加热电流约0.3～0.5A，溶液沸腾后，冷凝回流液控制在每秒2～3滴，稳定回流5min左右直至观察到汽液平衡温度不再变化。记录平衡温度，记录大气压值。

⑥ 打开取样泵，并拨至"正"状态进行汽、液两相取样，取出汽、液相样品各2.5mL于洁净的取样瓶中。取样完成后将取样泵拨至"反"状态，使取样管路中的液体返回平衡釜。若设备不带取样泵，可采用1μL微量注射器分别从汽、液相取样口直接取样。用色谱分析组成，记录分析结果。

⑦ 如果直接采用汽液平衡数据作图，需测定8～10组不同浓度溶液的平衡数据。本实验是采用汽液平衡数据回归Wilson方程的参数，需测3组不同浓度溶液的平衡组成数据。预先设定大致的溶液浓度间隔，反推需要取出和加入的液体量。

⑧ 实验完毕，关闭加热。待釜内温度降至室温，关冷却水，气相色谱仪桥电流设为000，停止加热。气相色谱仪检测器温度降至70℃以下方停止通氮气，随后关闭氮气钢瓶总阀，并等减压阀压力降为零时，再关减压阀。清洗各种玻璃仪器，整理仪器、试剂及实验台。关闭电源，结束全部实验。

五、实验注意事项

① 平衡釜开始加热时电压不宜过大，以防物料冲出。
② 平衡时间应足够。

③ 汽、液相取样瓶，取样前要检查是否干燥，装样后要保持密封。
④ 气相色谱仪检测器温度需降到 70℃ 以下方能停止通氮气。

六、实验数据记录与处理

1. 数据记录

① 实验在常压下进行，汽、液相组成分析用双气路气相色谱，热导检测器，分析数据用色谱工作站处理。色谱分析操作条件记录见表 4-2。

表 4-2　色谱分析操作条件

室温/℃	室内压力/MPa	柱箱温度/℃	汽化室温度/℃	检测器温度/℃	桥电流/mA	信号衰减

② 配制乙醇-水的标准溶液，测得各组分的面积含量 A_i，见表 4-3。

表 4-3　标准溶液色谱分析原始记录表

项目	乙醇	水
保留时间 t/min		
质量 m_i/g		
质量分数 W_i/%		
物质的量 n_i/mol		
摩尔分数 x_i/%		
第一次分析 A_i/%		
第二次分析 A_i/%		
第三次分析 A_i/%		

③ 平衡条件及测得的各组分面积含量原始记录见表 4-4。

表 4-4　平衡条件及色谱面积原始记录

项目	第 1 组	第 2 组	第 3 组
操作压力/Pa			
平衡温度/℃			
汽相乙醇 A_i^v/%			
汽相水 A_i^v/%			
液相乙醇 A_i^l/%			
液相水 A_i^l/%			

2. 数据处理

① 计算相对校正因子

由于乙醇-水均能在色谱中完全出峰，故采用面积归一化法处理数据。考虑汽液平衡计算时使用摩尔分数方便，因此直接计算以摩尔为单位基准的校正因子。取乙醇的相对校正因子为 1.0000，水的相对校正因子为 f'_i。溶液中组分 i 的摩尔分数为 x_i，组分色谱分析的面积含量为 A_i。

配制的标准溶液以摩尔分数表示浓度，组成为：

$$x_i = \frac{n_i}{\sum n_i} \tag{4-9}$$

式中，n_i 为溶液中组分 i 的物质的量，mol；x_i 为溶液中组分 i 的摩尔分数。

色谱分析的组成结果为：

$$x_i = \frac{f'_i A_i}{\sum f'_i A_i} \tag{4-10}$$

式中，f'_i 为组分 i 的相对校正因子；A_i 为组分 i 的面积含量。

对二元体系由式（4-9）得到：

$$f'_2 = f'_1 \frac{A_1}{A_2} \frac{x_2}{x_1} \tag{4-11}$$

式中，f'_1、f'_2 分别为乙醇、水的相对校正因子；A_1、A_2 分别为乙醇、水的面积含量；x_1、x_2 分别为乙醇、水的摩尔分数。

将数据代入到上式中，联立求解方程，就可以得到各组分的相对校正因子，见表 4-5。

表 4-5　色谱分析各组分相对校正因子 f'_i

项目	乙醇	水
第一次分析 f'_i	1.0000	
第二次分析 f'_i	1.0000	
第三次分析 f'_i	1.0000	
平均相对校正因子 f'_i	1.0000	

② 计算平衡组成

利用相对校正因子和色谱峰面积含量计算汽相和液相组成。x_i、y_i 分别为组分 i 在液相、汽相中的摩尔分数。

将计算得到的平衡组成以表格形式列出，见表 4-6。

表 4-6　计算得到的平衡组成

项目	第 1 组	第 2 组	第 3 组
操作压力/MPa			
平衡温度/℃			
液相乙醇 x_i			
汽相乙醇 y_i			

③ 回归 Wilson 方程的参数。

④ 用所得参数进行 30℃时的汽液平衡数据计算并绘制 p-x-y 图。

七、思考与分析

① 实验中怎样判断汽液两相已达到平衡？
② 影响汽液平衡测定准确度的因素有哪些？
③ 为什么要确定活度系数方程中的参数，对实际工作有何作用？
④ Wilson 方程关联乙醇-水体系存在哪些不足？

实验七 二氧化碳 pVT 曲线的测定

一、实验目的

① 掌握纯物质的 pVT 关系曲线测定方法和原理，学会使用活塞式压力计、恒温器等热工仪器。
② 观察纯物质临界乳光现象、整体相变现象，增强对临界状态的感性认识和热力学基本概念的理解。
③ 测定 CO_2 的 pVT 数据，在 p-v 图上绘出 CO_2 的等温线。

二、实验原理

理想气体状态方程 $pV=RT$，实际气体由于分子之间存在相互作用力和分子本身有体积，使得压力 p、温度 T、体积 V 之间的关系不再遵循理想气体状态方程。考虑上述两方面的影响，1873 年，van der Waals 对理想气体状态方程进行了修正，给出了第一个适用于真实气体的立方型状态方程，方程为

$$\left(p+\frac{a}{V^2}\right)(V-b)=RT \tag{4-12}$$

其中，参数 a、b 分别是考虑分子体积和分子间作用力的校正因子。从公式（4-12）可以看出，保持任意一个参数恒定，测出其余两个参数之间的关系，就可以求出气体状态变化规律。比如，保持温度不变，测定压力和体积的对应数值，就可以得到等温线数据，绘制等温曲线。

本实验采用高纯度 CO_2 气体，v 表示比体积，单位为 m^3/kg。由于充入承压玻璃管内的 CO_2 质量不便于直接测定，而玻璃管内径或截面积也不易准确测量，因而实验中采用间接方法来确定 CO_2 的比体积。CO_2 比体积计算公式为

$$v=\frac{\Delta h A}{m}=\frac{\Delta h}{m/A}=\frac{\Delta h}{K} \tag{4-13}$$

式中，v 为 CO_2 的比体积，m^3/kg；Δh 为 CO_2 在承压管内的液柱高度，m；K 为质面

比常数，kg/m²。

$$\Delta h = h_0 - h \tag{4-14}$$

式中，Δh 为任意温度、压力下 CO_2 柱的高度，m；h 为任意温度、压力下水银柱的高度，m；h_0 为承压玻璃管内径顶端刻度，m。

由公式（4-13）得知，若已知 CO_2 的比体积和承压管内液柱高度，可求取质面比常数 K。本实验采用 25℃、7.8MPa 的数据求取。

$$K = \frac{m}{A} = \frac{\Delta h^*}{v^*} \tag{4-15}$$

式中，v^* 为 CO_2 在 25℃、7.8MPa 下的比体积，0.00124m³/kg；Δh^* 为 CO_2 在 25℃、7.8MPa 下的承压管内液柱高度，m。

本实验测量 $T>T_c$、$T=T_c$、$T<T_c$ 三种温度条件下的等温线。当温度低于临界温度 T_c 时，等温线有水平线段（如图 4-3 所示）。随着温度的升高，水平线段逐渐缩短。当温度增加到临界温度时，饱和液体和饱和气体之间的界限已完全消失，呈现出模糊状态，称为临界状态。由于 CO_2 分子受重力场作用沿高度分布不均和光的散射作用，到临界点瞬间玻璃管内将出现圆锥状的乳白色闪光现象，这是临界乳光现象。由于在临界点时，汽化潜热等于零，当压力稍有变化时，气、液便以突变的形式互相转化，这是临界点整体相变现象。在临界点，气液两相不能分辨。

二氧化碳的临界压力 p_c 为 75.2kgf/cm²（7.376MPa），临界温度 T_c 为 31.1℃。

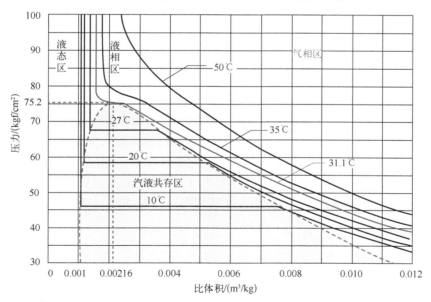

图 4-3 CO_2 的 p-v 图

三、实验仪器及试剂

主要仪器：pVT 测定装置一套（如图 4-4、图 4-5 所示）。
主要试剂：CO_2。

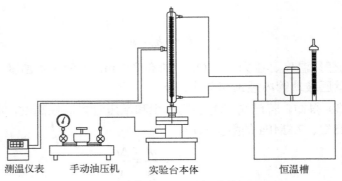

图 4-4 *pVT* 测定装置系统图

实验台本体如图 4-5 所示。

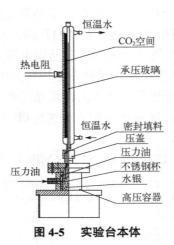

图 4-5 实验台本体

装置说明：实验中，由压力台送来的压力油进入高压容器和不锈钢杯上半部，使水银进入预先装有高纯度 CO_2 气体的承压毛细玻璃管，CO_2 气体被压缩，其压力和容积通过压力台上活塞螺杆的进退来调节。水套中的温度由恒温槽供给的恒温水调节。

CO_2 的压力由装在压力台上的精密压力表读出（注意：绝压=表压+大气压），温度由插在恒温水套中的温度传感器读出，比体积由 CO_2 柱的高度除以质面比常数计算得到。毛细玻璃管长度 460mm，压力台最大压力 10MPa，恒温水浴温度范围：-5～99℃。

四、实验步骤

① 启动装置总电源，开启实验台本体上的 LED 灯。

② 调节恒温槽水位至离盖 30～50mm，打开恒温槽开关。按恒温槽操作说明调节温度至所需温度，观测实际水套温度，并调整水套温度使其尽可能靠近所需实验温度（可近似认为承压玻璃管内的 CO_2 的温度等于水套的温度）。

③ 加压前的准备。因为压力台的活塞腔体容量比容器容量小，需要多次从油杯里抽油，再向高压容器充油。压力台抽油、充油的操作过程非常重要，若操作失误，不但加不上压力，还会损坏实验设备。其步骤如下：

关闭压力台至加压油管的阀门，开启压力台油杯上的进油阀，保证压力表阀门常开。摇退压力台上的活塞螺杆，直至螺杆全部退出，这时压力台活塞腔体中抽满了油。先关闭油杯阀门，然后开启压力台和高压油管的连接阀门。

摇进活塞螺杆，使高压容器充油，直至压力表上有压力读数时，关闭压力台和高压油管的连接阀门，打开进油阀，摇退活塞使活塞腔体抽满油。

再次检查油杯阀门是否关好，压力表及本体油路阀门是否开启。若均已调定，即可进行实验。

④ 测定承压玻璃管（毛细管）内 CO_2 的质面比常数 K 值。恒温到25℃，加压到7.8MPa，此时比体积 v=0.00124 m^3/kg，稳定后记录此时的水银柱高度 h 和毛细管柱顶端高度 h_0，根据公式换算质面比常数。

⑤ 测定10℃、20℃时的等温线。此温度为低于临界温度等温线测试的建议值，实验时也可自行选择，但注意温度低于室温太多时，容易产生水汽。

将恒温器调定在 t=20℃，并保持恒温。

逐渐增加压力至 3MPa 左右（毛细管下部出现水银液面），开始读取相应水银柱上的液面刻度，记录第一个数据点。

根据标准曲线结合实际观察毛细管内物质状态，若处于单相区，则按每次 0.3MPa 左右提高压力。

当观测到毛细管内出现液柱，则每提高液柱 5～10mm，记录一次数据。达到稳定时，读取相应水银柱上的液面刻度，注意加压时，应足够缓慢地摇进活塞螺杆，以保证等温条件。

再次处于单相区时，按压力间隔 0.3MPa 左右逐渐升压，直至 9.0MPa 左右为止，记录相关压力和刻度。

⑥ 测定临界等温线和临界参数，并观察临界现象。

将恒温水浴调至 31.1℃，按上述方法和步骤测出临界等温线，注意在曲线的拐点（7.3～7.6MPa）附近，应缓慢调节压力（调节间隔可在 5mm 刻度）。

将水温加热到临界温度（31.1℃）并保持温度不变，摇进压力台上的活塞螺杆使压力升至 7.6MPa 附近处，然后摇退活塞螺杆降压（注意勿使实验台本体晃动），在此瞬间出现临界乳光现象。这时当压力稍有变化，汽液是以突变的形式相互转化，即发生整体相变现象。

⑦ 测定高于临界温度即 50℃时的等温线（此温度为建议值，实验时可自行选择）。将恒温水浴调至 50℃，按上述方法和步骤测出等温线。

⑧ 实验结束后，给装置降压，摇退螺杆至压力表读数为 0.2MPa，所有阀门处于打开状态。

五、实验注意事项

① 实验压力不能超过 9.8MPa。
② 应缓慢摇进活塞螺杆。

③ 在将要出现液相、气相完全消失以及接近临界点的情况下,升压间隔要很小,升压速度要缓慢。

④ 压力表读数是表压,数据处理时应按绝对压力。

六、实验数据记录与处理

① 数据记录及处理表格

质面比常数 K 值数据记录及处理见表 4-7。

表 4-7 质面比常数 K 值

温度/℃	压力/MPa	Δh^*/mm	CO_2 比体积 v/(m³/kg)	K/(kg/m²)

不同温度下的 p-h、p-v 数据记录及处理见表 4-8、表 4-9。

表 4-8 不同温度下的 p-h 数据

编号	10℃		20℃		31.1℃		50℃	
	水银高/mm	压力/MPa	水银高/mm	压力/MPa	水银高/mm	压力/MPa	水银高/mm	压力/MPa
1								
2								
3								
4								
...								

表 4-9 不同温度下的 p-v 值

编号	10℃		20℃		31.1℃		50℃	
	比体积/(m³/kg)	绝对压力/MPa	比体积/(m³/kg)	绝对压力/MPa	比体积/(m³/kg)	绝对压力/MPa	比体积/(m³/kg)	绝对压力/MPa
1								
2								
3								
4								
...								

② 作出 p-v 曲线,并与理论曲线对比,分析其中的异同点。

七、思考与分析

① 临界点参数有怎样的用途？
② 为何实验压力不能超过 9.8MPa？

八、附录：计算实例

25℃、7.8MPa 下质面比常数 K 值样例测定数据及计算数据见表 4-10。

表 4-10 质面比常数 K 值样例

温度/℃	压力/MPa	Δh^*/mm	CO_2 比体积 v/（m³/kg）	K/（kg/m²）
25	7.8	41	0.00124	33

质面比常数：

$$K = \frac{m}{A} = \frac{\Delta h^*}{0.00124} = \frac{41 \times 10^{-3}}{0.00124} = 33 \text{ kg/m}^2$$

毛细管顶端刻度 h_0=364mm，记录 20℃、25℃、31.1℃和50℃下的 p-h 关系见表 4-11。

表 4-11 不同温度下的 p-h 数据样例

编号	20℃		25℃		31.1℃		50℃	
	水银高/mm	压力/MPa	水银高/mm	压力/MPa	水银高/mm	压力/MPa	水银高/mm	压力/MPa
1	0	2.89	0	3	0	3.08	0	3.3
2	43	3.2	33	3.2	46	3.4	34	3.6
3	80	3.5	68	3.5	80	3.7	63	3.9
4	111	3.8	99	3.8	103	4	88	4.2
5	134	4.1	123	4.1	127	4.3	108	4.5
6	156	4.4	143	4.4	147	4.6	129	4.8
7	177	4.7	166	4.7	168	4.9	150	5.1
8	198	5	186	5	186	5.2	164	5.4
9	215	5.3	204	5.3	202	5.5	179	5.7
10	231	5.6	217	5.6	215	5.8	192	6
11	245	5.9	232	5.9	227	6.1	204	6.3
12	260	6.07	245	6.2	239	6.4	214	6.6
13	265	6.09	259	6.5	251	6.7	224	6.9
14	270	6.1	272	6.7	263	7	233	7.2
15	275	6.11	275	6.7	275	7.3	241	7.5
16	280	6.17	280	6.7	288	7.6	250	7.8

续表

编号	20℃		25℃		31.1℃		50℃	
	水银高/mm	压力/MPa	水银高/mm	压力/MPa	水银高/mm	压力/MPa	水银高/mm	压力/MPa
17	285	6.19	285	6.8	307	7.9	257	8.1
18	290	6.21	290	6.8	317	8.2	264	8.4
19	295	6.27	295	6.9	322	8.5	272	8.7
20	300	6.3	300	7	325	8.8	278	9
21	305	6.35	305	7	326	9.1	285	9.3
22	310	6.46	310	7.2	328	9.4	290	9.6
23	315	6.59	315	7.3				
24	320	6.8	320	7.6				
25	324	7.1	323	7.9				
26	327	7.4	326	8				
27	329	7.7	328	8.3				
28	330	8	329	8.6				
29	331	8.3	330	8.9				
30	332	8.6	331	9.2				
31	332	8.9	331	9.5				
32	333	9.2						
33	333	9.5						

在 20℃、2.89MPa 压力下，

比体积：$v = \dfrac{\Delta h}{K} = \dfrac{(364-0)/1000}{33} = 0.011 \text{ m}^3/\text{kg}$

绝对压力：$p = p_\text{表} + p_\text{大气} = 2.89 + 0.101 = 2.99 \text{ MPa}$

将处理后的数据计入表 4-12。

表 4-12 不同温度下的 p-v 值样例

编号	20℃		25℃		31.1℃		50℃	
	比体积/(m³/kg)	绝对压力/MPa	比体积/(m³/kg)	绝对压力/MPa	比体积/(m³/kg)	绝对压力/MPa	比体积/(m³/kg)	绝对压力/MPa
1	0.0110303	2.99	0.011	3.08	0.0110	3.18	0.011	3.41
2	0.0097273	3.30	0.01	3.30	0.0096	3.50	0.01	3.70
3	0.0086061	3.60	0.009	3.60	0.0086	3.80	0.009	4.00
4	0.0076667	3.90	0.008	3.90	0.0079	4.10	0.008	4.30

续表

编号	20℃ 比体积 /(m³/kg)	20℃ 绝对压力 /MPa	25℃ 比体积 /(m³/kg)	25℃ 绝对压力 /MPa	31.1℃ 比体积 /(m³/kg)	31.1℃ 绝对压力 /MPa	50℃ 比体积 /(m³/kg)	50℃ 绝对压力 /MPa
5	0.0069697	4.20	0.007	4.20	0.0072	4.40	0.008	4.60
6	0.0063030	4.50	0.007	4.50	0.0066	4.70	0.007	4.90
7	0.0056667	4.80	0.006	4.80	0.0059	5.00	0.006	5.20
8	0.0050303	5.10	0.005	5.10	0.0054	5.30	0.006	5.50
9	0.0045152	5.40	0.005	5.40	0.0049	5.60	0.006	5.80
10	0.0040303	5.70	0.004	5.70	0.0045	5.90	0.005	6.10
11	0.0036061	6.00	0.004	6.00	0.0042	6.20	0.005	6.40
12	0.0031515	6.17	0.004	6.30	0.0038	6.50	0.005	6.70
13	0.0030000	6.19	0.003	6.60	0.0034	6.80	0.004	7.00
14	0.0028485	6.20	0.003	6.80	0.0031	7.10	0.004	7.30
15	0.0026970	6.21	0.003	6.80	0.0027	7.40	0.004	7.60
16	0.0025455	6.27	0.003	6.82	0.0023	7.70	0.003	7.90
17	0.0023939	6.29	0.002	6.90	0.0017	8.00	0.003	8.20
18	0.0022424	6.31	0.002	6.92	0.0014	8.30	0.003	8.50
19	0.0020909	6.37	0.002	7.00	0.0013	8.60	0.003	8.80
20	0.0019394	6.40	0.002	7.07	0.0012	8.90	0.003	9.10
21	0.0017879	6.45	0.002	7.12	0.0012	9.20	0.002	9.40
22	0.0016364	6.56	0.002	7.28	0.0011	9.50	0.002	9.70
23	0.0014848	6.69	0.001	7.41				
24	0.0013333	6.90	0.001	7.67				
25	0.0012121	7.20	0.001	7.97				
26	0.0011212	7.50	0.001	8.10				
27	0.0010606	7.80	0.001	8.40				
28	0.0010303	8.10	0.001	8.70				
29	0.0010000	8.40	0.001	9.00				
30	0.0009697	8.70	0.001	9.30				
31	0.0009697	9.00	0.001	9.60				
32	0.0009394	9.30						
33	0.0009394	9.60						

根据表 4-12 数据作出 $p\text{-}v$ 曲线如图 4-6 所示。

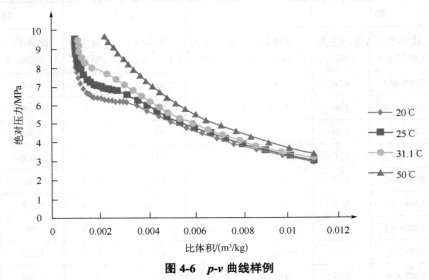

图 4-6　$p\text{-}v$ 曲线样例

第五章

化工分离实验

实验八　中空纤维超滤膜分离

一、实验目的

① 了解超滤膜分离技术的特点。
② 了解超滤膜分离的工艺过程。
③ 熟练掌握分光光度比色分析法及分光光度计的使用。
④ 测定操作条件对膜分离效果的影响。

二、实验原理

膜分离技术是近几十年迅速发展起来的一类新型分离技术。膜分离法是用天然或人工合成的高分子薄膜，以外界能量或化学位差为推动力，对双组分或多组分的溶质与溶剂进行分离、分级、提纯和富集的方法。膜分离法可用于液相和气相，液相分离可用于水溶液体系、非水溶液体系、水溶胶体系以及含有其他微粒的水溶液体系。膜分离包括反渗透、超滤、微孔过滤、电渗析等。目前，在海水淡化、食品加工工业的浓缩分离、工业超纯水制备、工业废水处理等领域的应用越来越多。超滤是膜分离技术的一个重要分支。

超滤（UF）是以压力为推动力，利用不同孔径超滤膜对液体进行物理筛分的过程。其分子切割量一般为 6000 到 50 万，孔径约为 100nm。超滤是利用多孔材料的拦截能力，以物理截留的方式去除水中一定大小的杂质颗粒。在压力驱动下，溶液中水、有机小分子、无机离子等尺寸小的物质可通过纤维壁上的微孔到达膜的另一侧，溶液中菌体、胶体、颗粒物、有机大分子等大尺寸物质则不能透过纤维壁而被截留，从而达到筛分溶液中不同组分的目的。该过程为常温操作，无相态变化，不产生二次污染。从操作形式上，超滤可分为内压和外压。运行方式分为全流过滤和错流过滤两种。本实验中为外压式膜，全流过滤。当进水悬浮物较多时，采用错流过滤可减缓污堵，但会增加能耗。

影响膜分离性能的主要因素有操作压差、料液流量、温度、浓度等，本实验主要测定料液流量对分离效果的影响。

三、实验仪器及试剂

主要仪器：722 型紫外分光光度计、容量瓶（50mL 10 个、500mL 2 个、500mL 棕色 1 个）、烧杯（250mL 2 个、100mL 15 个）、移液管（50mL 1 支、5mL 2 支、3mL 1 支、2mL 1 支、1mL 1 支）、量筒（250mL 1 个、10mL 2 个）、工业滤纸。

主要试剂：碘（分析纯）、碘化钾（分析纯）、氯化钡（分析纯）、聚乙二醇 20000（化学纯）。

装置说明：本实验用中空纤维超滤膜分离聚乙二醇水溶液，回收其中的聚乙二醇。本装置有膜组件 2 个，从流程安装上，既可以并联操作，也可交替单独操作。

料液经泵输送至过滤器，然后从膜下部进入膜组件，如图 5-1 所示。将料液分为：①透过液——透过膜的稀溶液；②浓缩液——未透过膜的聚乙二醇溶液（浓度高于料液）。

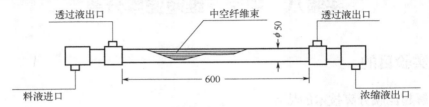

图 5-1 超滤示意图

超滤膜分离工艺流程图如图 5-2 所示，流程中，过滤器为聚丙烯酰胺蜂房式过滤器，孔径小于 5μm，用于拦截料液中的不溶性杂质，以防止膜堵塞。

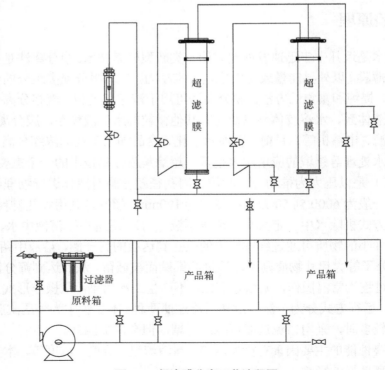

图 5-2 超滤膜分离工艺流程图

四、实验步骤

1. 分光光度比色法测定聚乙二醇的含量

① 配制发色剂。

5%氯化钡溶液：取氯化钡（含有两个水分子）固体30.6000g置于100mL烧杯中，加水溶解后转入500mL容量瓶中。

0.05mol/L碘溶液：取10g碘化钾，加水完全溶解后，加入3.2000g碘，500mL棕色容量瓶定容，本次实验结束后放于阴凉干燥处避光短期保存。

② 认真阅读722型分光光度计说明书，开启分光光度计电源，将测定波长置于510nm处，预热20min，预热时打开测试盖，以保护光源。

③ 调节T=0%，将盛蒸馏水的比色皿放入分光光度计比色皿架中，轻轻盖上盖子，调T=100%。

④ 标准曲线的测定：事先将聚乙二醇在60℃干燥4h，准确称取聚乙二醇0.025g，配制成浓度为50mg/L的聚乙二醇溶液；分别吸取聚乙二醇溶液0.0mL、1.0mL、2.0mL、3.0mL、4.0mL、5.0mL、6.0mL于50mL容量瓶内，先加入氯化钡溶液1.2mL，然后立即加入碘溶液1mL，蒸馏水稀释至刻度，配制成浓度为0.0mg/L、1.0mg/L、2.0mg/L、3.0mg/L、4.0mg/L、5.0mg/L、6.0mg/L的聚乙二醇标准溶液，放置20min。在波长510nm下，用1cm比色皿，在722型分光光度计上，将分光光度计选择开关置于"A"，以空白溶液作参比，测定吸光度，重复测试2次取平均值。标准曲线测定数据见表5-1。

表 5-1 标准曲线测定数据表

浓度/（mg/L）	0	1	2	3	4	5	6
吸光度1							
吸光度2							
吸光度平均值							

⑤ 作吸光度与浓度的关系曲线或拟合得出线性方程。

⑥ 取一定量（实验中取5mL）未知样加入显色剂反应后测定吸光度，用⑤中关系曲线或拟合方程得出未知样浓度。

2. 超滤实验步骤

① 检查实验系统阀门开关状态，使系统各部位的阀门处于正常运转的"开"或"关"状态。进行洗涤和反冲洗操作。原料采用聚乙二醇水溶液，浓度约40mg/L。原料液配制方法是，取分子量为20000的聚乙二醇2.8g放入500mL的烧杯中，加入450mL水，搅拌至全溶。在储槽内稀释至70L，并搅拌均匀（如果槽中已有配好的溶液则忽略此步）。

② 并联操作时，将料液置于原料槽，然后启动离心泵，打开旁路阀（注意在泵开启后不要全部关闭泵回流开关）进行混料。混料一段时间后，打开进入两组超滤膜的阀门。膜顶部分成两部分，一部分为浓缩液，一部分为超滤液，分别进入到浓缩液槽和超滤液槽。同时打开两组阀门，再打开转子流量计调节流量，同时控制浓缩液和超滤液的阀门开度来控制超滤膜内压力，过10min后取超滤液和浓缩液进行分析。可分析并联和单独一组操作

对产品质量的影响。

③ 调节膜入口流量，一般调节 5 组，保持膜压差一定，稳定 10min 左右，用小烧杯取样，用移液管移取被测试样 5mL 置于 50mL 容量瓶内，采用与标准曲线测定时相同的操作方法测定其吸光度，利用标准曲线反查其浓度。

④ 取样结束后，将浓缩液和超滤液打回原料槽。阀门从后向前依次关闭，到旁路阀时关闭离心泵，关闭其他阀门。注意：在最后一组实验结束前可保留原料液，最后一组实验要放掉原料液，并洗涤超滤膜（建议进行反冲洗），最后用 1%左右甲醛溶液封闭超滤膜。

⑤ 将所有实验仪器清洗干净，放在指定位置；关闭分光光度计的电源。

⑥ 进行实验区卫生整理，保证水、电完全关闭，经实验指导教师检查签字后方可离开实验室。

五、实验注意事项

① 比色测定中，必须准确地控制每次的显色反应时间，也就是每次配制好溶液到吸光度读数的时间都尽可能一致，以减小测量误差。

② 配制碘化钾-碘水溶液，注意将碘加入溶解后的碘化钾水溶液中，多次摇晃，直至碘完全溶解。

③ 分光光度计使用时，注意吸光度和透光率的区别。

④ 分光光度计测试时，注意比色皿要洁净。

六、实验数据记录与处理

1. 数据记录

膜入口流量变化对回收率的影响见表 5-2。

表 5-2 膜入口流量变化对回收率的影响

序号	入口压力/MPa	出口压力/MPa	吸光度 A			流量/(L/min)		浓缩液回收率/%
			原料液	透过液	浓缩液	膜入口	浓缩液	
1								
2								
3								
4								
5								

2. 数据处理

① 聚乙二醇的回收率 Y

$$Y=浓缩液中聚乙二醇的量/原料液中聚乙二醇的量\times 100\%$$

② 计算结果列入表 5-2 中。在坐标纸上绘制回收率 Y 随流量的变化关系曲线，分析膜入口流量变化对回收率的影响。

七、思考与分析

① 料液的流量对超滤膜分离效果有何影响？
② 超滤组件中加保护液的目的是什么？
③ 提高料液温度对超滤分离效果有什么影响？

实验九　高压反渗透制备纯水

一、实验目的

① 了解膜分离制备纯水的生产方法及设备。
② 掌握反渗透膜分离的基本原理。
③ 比较纳滤和反渗透膜分离的分离效果。

二、实验原理

1. 反渗透（RO）

反渗透顾名思义就是与自然渗透相反的一种渗透。在浓溶液一边加上比自然渗透更高的压力，从而扭转自然渗透的方向，把浓溶液中的溶剂（水）压到半透膜的另一边（稀溶液），这样就产生了与自然渗透相反的过程，因此称为反渗透。如图 5-3 所示。

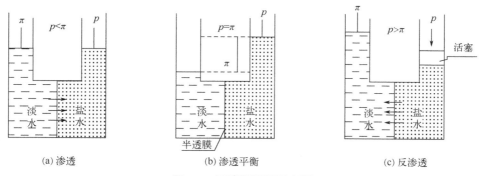

图 5-3　反渗透原理示意图

反渗透广泛应用于溶液中一种或几种组分的分离。主要应用领域有海水和苦咸水的淡化、纯水和超纯水的制备、饮用水的净化、医药化工和食品等工业废料处理和浓缩以及废水处理。

如果将盐水加入反渗透装置的一端，并在该端施加超过该盐水渗透压的压力，在另一端就可以得到纯水，这就是反渗透净水的原理。反渗透设施生产纯水的关键有两个，一是具有高选择性的膜，称之为半透膜，二是有一定的压力，操作压力必须大于溶液的渗透压。简单地说，反渗透半透膜上有众多的孔，这些孔的大小与水分子的大小相当，由于细菌、病毒、大部分有机污染物和水合离子均比水分子大得多，因此不能透过反渗透半透膜，从而与透过反渗透膜的水相分离。在水中的众多种杂质中，溶解性盐类是最难清除的。因此，经常根据除盐率的高低来确定反渗透的净水效果。反渗透除盐率的高低主要决定于反渗透半透膜的选择性。目前，较高选择性的反渗透膜元件除盐率可以高达 99.7%。

2. 纳滤（NF）

纳滤膜分离过程无任何化学反应，透过物大小在 1～10nm，无需加热，无相变，不会破坏生物活性，不会改变风味、香味，因而被越来越广泛地应用于饮用水的制备和食品、医药、生物工程、污染治理等行业中的各种分离和浓缩提纯过程。纳滤膜在其分离应用中表现出下列两个显著特征：一个是其截留分子量介于反渗透膜和超滤膜之间，为 200～2000。另一个是纳滤膜对无机盐有一定的截留率，因为它的表面分离层由聚电解质构成，对离子有静电相互作用。

3. 浓差极化

随着分离过程的进行，膜表面浓度升高，溶液的渗透压升高，当操作压差一定，推动力下降，渗透通量下降。浓差极化使膜表面溶液的渗透压增高，由此引起水通量下降和通过膜的盐迁移量的上升。倘若在边界层中溶解溶质的浓度超过它的溶解度，则在膜表面上将有沉淀或结垢发生。在如此高的浓度下，胶体物质变得较不稳定，凝聚并污染膜表面。减轻浓差极化的有效途径是提高料液流速、增强料液的湍流程度、提高操作温度、对膜面进行定期反冲洗等。

三、实验仪器及试剂

主要仪器：反渗透、纳滤实验装置（如图 5-4 所示）。

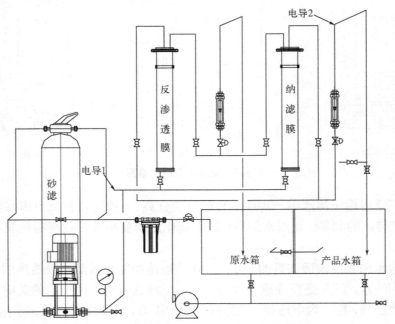

图 5-4　反渗透、纳滤装置工艺流程图

主要试剂：自来水。

装置说明：实验装置由石英砂滤料、纳滤膜、反渗透膜和高低压离心泵、多级离心泵、水箱、流量计、压力表、电导仪等组成。

离心泵将原料抽出送入预过滤器中，从预过滤器中出来后进入到石英砂过滤筒中，然后经过多级离心泵，再进入到反渗透或纳滤膜中进行过滤，最后流入产品水箱。

四、实验步骤

检查各相关仪器、仪表电源是否连接妥当。实验前所有阀门均应处于关闭状态。

1. 反渗透膜分离实验步骤

① 先开低压离心泵。当离心泵的运转声音、出口压力表读数显示正常时，表明此泵已正常运转，方可进行下一步操作。

② 开多级离心泵。开泵前把膜进口阀关闭，开泵后再缓缓打开膜进口阀门。

③ 固定膜的入口流量，调节纯水的流量，改变膜压差，稳定后记录纯水的电导率，进而分析膜压差变化对分离效果的影响。

④ 调节膜入口流量，固定压差，稳定后记录纯水电导率，进而分析膜入口流量对分离效果的影响。每次改变实验条件后，需要运行 8～10 分钟稳定后再记录数据。

⑤ 最后一组实验结束后，要洗涤反渗透膜（必要时进行反冲洗操作），用 1% 的甲醛溶液封闭反渗透膜。

⑥ 测定结束：注意关机顺序（从后往前关）。

2. 纳滤膜分离实验步骤

将打开反渗透膜进水阀门改为打开纳滤膜进水阀门，其他操作与反渗透膜测定过程相同。

五、实验注意事项

① 注意离心泵的开关机顺序和整个工艺的开关机顺序。

② 灌水和排水时注意不能让管子脱落。

③ 多级离心泵为 380V 电源供电，使用过程中一定小心不能将水漏到电机中，如果沾水应马上断电，将水擦干，待电机干燥后再通电做实验。泵的前方有排气口，泵不打液时可适当排气，正常后可进行操作。如果多级离心泵入口压力较高，要进行反冲洗操作。

六、实验数据记录与处理

① 实验数据记录：室温_____   水温_____。

反渗透膜膜压差变化对分离效果的影响见表 5-3。

表 5-3　反渗透膜膜压差变化对分离效果的影响

序号	入口压力/MPa	出口压力/MPa	电导率/(S/m)		流量/(L/h)		脱盐率/%
			原料水	纯水	膜入口	纯水	
1							
2							
3							
4							
5							

反渗透膜入口流量变化对分离效果的影响见表 5-4。

表 5-4　反渗透膜入口流量变化对分离效果的影响

序号	入口压力/MPa	出口压力/MPa	电导率/(S/m)		流量/(L/h)		脱盐率/%
			原料水	纯水	膜入口	纯水	
1							
2							
3							
4							
5							

纳滤膜膜入口流量变化对分离效果的影响见表 5-5。

表 5-5　纳滤膜膜入口流量变化对分离效果的影响

序号	入口压力/MPa	出口压力/MPa	电导率/(S/m)		流量/(L/h)		脱盐率/%
			原料水	纯水	膜入口	纯水	
1							
2							
3							
4							
5							

② 分析膜压差变化、流量变化对反渗透膜分离效果的影响。
③ 比较反渗透膜与纳滤膜的分离效果。

七、思考与分析

① 什么是浓差极化？有何危害？
② 反渗透膜分离机理是什么？
③ 随着实验的进行，为什么水温会缓慢升高？

实验十 反应精馏

一、实验目的

① 了解反应精馏技术比常规反应技术在成本和操作上的优越性，了解反应精馏与常规精馏的区别。

② 了解反应精馏适用的物系，了解反应精馏塔的构造和原理，学习反应精馏塔的使用和操作，掌握反应精馏操作的原理和步骤。

③ 用反应工程原理和精馏原理，对精馏过程做全塔物料衡算和塔操作的过程分析。

二、实验原理

精馏是化工生产中常用的分离方法。它是利用气液两相的传质和传热来达到分离的目的。对于不同的分离对象，精馏方法也会有所差异。反应精馏是精馏技术中的一个特殊领域。在操作过程中，化学反应与分离同时进行，故能显著提高总体转化率，降低能耗。反应精馏技术在酯化、醚化、酯交换、水解等化工生产中得到应用，而且越来越显示其优越性。

1. 反应精馏原理

反应精馏是随着精馏技术的不断发展与完善逐渐发展起来的一种新型分离技术。通过对精馏塔进行特殊改造或设计后，采用不同形式的催化剂，可以使某些反应在精馏塔中进行，并同时进行产物和原料的分离，是精馏技术中的一个特殊领域。

在反应精馏操作过程中，化学反应与分离同时进行，产物通常被分离到塔顶，从而使反应平衡被不断破坏，反应体系中产物浓度降低使反应平衡向产物方向移动，因此能显著提高反应原料的总体转化率。同时，由于产物在反应中不断被精馏塔分离，往往能得到纯度较高的产品，减少了后续分离和提纯工序的操作和能耗。反应精馏过程不同于一般精馏，它既有精馏的物理相变的传递现象，又有物质变化的化学反应现象，两者相互影响，使过程更加复杂。在反应精馏过程中，由于反应发生在塔内，反应放出的热量可以作为精馏的热源，从而减少了精馏的能耗。

由于多数反应需要在催化剂存在下进行，一般分均相催化和非均相催化反应精馏。均相催化反应精馏一般用浓硫酸等强酸作催化剂，具有使用方便等优点，但设备腐蚀严重，具有在工业应用中对设备要求高、生产成本大等缺点。非均相催化反应精馏一般采用离子交换树脂、重金属盐类和丝光沸石分子筛等固体催化剂，可以装填在塔板上或用纤维布等包裹，分段装填在精馏塔内。某些催化剂的活性温度较高，有些反应需要在加压下进行才能同时满足反应温度和分离平衡的要求，因此催化剂选用需要综合考虑。

一般说来，反应精馏对下列两种情况特别适用：

① 可逆平衡反应。一般情况下，反应受平衡影响，转化率最大只能是平衡转化率，而实际反应中比平衡转化率还低。因此，产物中不但含有大量的反应原料，而且往往为了

使其中一种价格较贵的原料反应尽可能完全，通常会使其他物料大量过量，造成后续分离过程的操作成本提高和难度加大。

② 异构体混合物的分离。通常因它们的沸点接近，靠精馏方法不易分离提纯，若异构体中某组分能发生化学反应并能生成沸点不同的物质，这时可通过反应精馏进行分离。

本实验是以乙酸和乙醇为原料，在浓硫酸催化剂作用下生成乙酸乙酯的可逆反应。反应的化学方程式为：

$$CH_3COOH + CH_3CH_2OH \rightleftharpoons CH_3COOCH_2CH_3 + H_2O$$

该反应的反应速率非常缓慢，若无催化剂存在，反应精馏操作也无法达到高效分离的目的，因此一般都采用催化反应方式。选用硫酸作催化剂是由于其催化作用不受塔内温度限制，在全塔内都能进行催化反应。而使用固体催化剂则存在适宜温度的问题，精馏塔本身难以达到适宜条件，故很难实现最优操作。本实验硫酸催化剂的浓度在 0.2%~1.0%（质量分数），反应速率随酸浓度的增高而加快。

2. 反应精馏装置原理

反应精馏塔用玻璃制成。直径 20~25mm，塔总高约 1400mm，填料高度约 1300mm，塔内装填 $\phi 3.0mm \times 3.0mm$ 不锈钢 θ 网环型填料（316L），如图 5-5 所示。

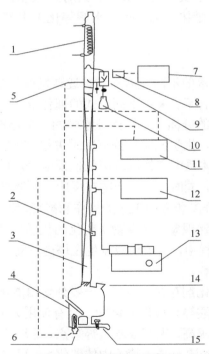

图 5-5 反应精馏实验装置

1—全凝器；2—进料口（共五个）；3—填料塔；4—三口烧瓶；5—测温热电阻；6—电加热器；7—回流比控制器；8—电磁铁；9—分相器；10—馏出液收集器；11—数字式温度显示器；12—控温仪；13—进料泵；14—釜进料采样口；15—出料口

一种是用于连续反应精馏实验的 500mL 玻璃釜，用釜底的电热板加热，加热电流可以由仪表或手动控制，一般为 1~2A。塔釜温度传感器在釜内，使用时也可以加入少量硅油，使测量的温度更准确。釜内液体的温度为自动控制，并在仪表上实时显示。在釜右侧有物料的连续排出口，釜内的物料可以连续排出。当液面超过排出口时，物料会自动流到右面的储罐内，从而保持塔内液位的恒定，而储罐内的液体可以每隔固定时间间歇排出，从而保持塔的连续操作。为了保证釜内传热和传质，在釜内壁增加了汽化中心，可以防止暴沸。同时加热面和加热板完全接触，也提高了加热效率，并防止局部过热。

另一种是用于间歇反应精馏实验的 250mL 玻璃釜。原料乙醇、乙酸和催化剂一次性加入到塔釜，塔加热方式同连续反应精馏一样。

塔身分两段，上面是精馏段，下面是提馏段，长度各为 700mm。全塔有 5 个取样口，也可以当进料口使用。取样口在常压操作时使用，里面用硅胶垫密封，取样 20 次以上应根据密封情况，检查是否需要更换。塔身外壁镀有半导体金属膜，用于控制塔身的散热，并尽可能保持塔身和环境为绝热状态。保温电流能使塔身的半导体加热保温。加热温度的设定需要根据实验物系的性质决定，由仪表来控制加热的温度。加热电流可以用仪表或手动来调节，一般为 0.15～0.3A。通常可以设定保温的温度比塔内的温度低 5～12℃。仪表采用 AI708 型，可以参照仪表使用说明书来调节或改变仪表设置，精馏段和提馏段各使用一块仪表加热。

塔内蒸汽到达塔顶后被冷凝器冷凝，塔顶气相的温度由仪表显示。塔顶冷凝采用自来水，冷凝液体进入塔顶回流头，采用摆动式回流比控制器操作，一部分液体从右面采出进入到塔顶储罐，另一部分进入到塔内回流。回流比由仪表面板的回流比控制器控制，实验中一般为 3～5。

连续式精馏塔是直接从塔釜（500mL）或塔的下部某处（一般在从下往上数第一或第二个进料口处）加入乙醇，并按比例添加好浓硫酸催化剂。乙醇的用量一般为 2～5mL/min，用蠕动泵、微量计量泵加入。

乙酸的用量可以按照理论值计算出来，一般乙醇和乙酸的摩尔比为（1.03～1.05）：1.0。乙酸用蠕动泵、微量计量泵加入。乙酸在塔上部某处（一般在从上往下数第一或第二个进料口处）或从塔顶回流头处加入，浓硫酸加入量按乙酸理论加入质量的一定比例加入，一般在 0.2%～0.5%（质量分数）。

在精馏塔内，乙酸从上段向下段移动，与向塔上段移动的乙醇接触，在不同填料高度上均发生反应，生成酯和水。塔顶乙酸浓度最高，而塔釜乙醇浓度最高。塔内有乙醇、乙酸、水和乙酸乙酯 4 个组分，除乙酸外，其他 3 个组分能形成三元或二元共沸物。水-乙酸乙酯、水-乙醇共沸物沸点较低，约为 64℃，醇和酯的共沸物能不断地从塔顶排出。反应中控制塔釜温度不超过 95℃，这样反应产生的水能不断流到塔釜。若控制反应原料比例为近似理论比，可使乙酸和乙醇几乎全部转化，因此，可认为反应精馏的分离塔也是反应器，最后塔顶不断得到浓度较高的乙酸乙酯-水混合物，而塔釜不断排出反应生成的水。

间歇或连续反应，最后在塔顶得到的都是含水的乙酸乙酯。通常加入少量水（约 50～150g），静置分层。上层是乙酸乙酯，下层为含少量乙酸乙酯的水相。产物分析采用气相色谱法，色谱采用热导检测器，出峰顺序为水、乙醇、乙酸、乙酸乙酯。

三、实验仪器及试剂

主要仪器：反应精馏实验装置、电子天平、烧杯、量筒、胶头滴管、三角烧瓶、分液漏斗、气相色谱（TCD）、色谱工作站。

主要试剂：无水乙醇（分析纯）、冰醋酸（分析纯）、乙酸乙酯（分析纯）、浓硫酸（化学纯）。

四、实验步骤

本实验以 250mL 间歇反应釜操作为例。

① 打开色谱载气的氮气钢瓶总开关，检查压力表读数应大于 2.5MPa，通氮气 10min 以上。

② 调节氮气钢瓶分压为 0.4MPa 左右，调节气相色谱仪初始压力为 0.25MPa 左右，柱前压力为 0.2MPa 左右。控制尾气流量在 50mL/min，可用皂膜流量计和秒表校正。

③ 打开气相色谱仪开关，按以下条件设定色谱：色谱柱柱温 OV 150℃，汽化室温度 IJ 165℃，检测器（TCD）温度 DT 165℃。启动加热，待恒温灯亮后，设置桥电流 100mA，衰减默认 1 倍。注意恒温灯未亮时严禁设置桥电流，否则会烧坏铼钨丝。

④ 打开电脑，打开色谱在线工作站，待气相色谱仪基线稳定后，调节基线的位置在"0"。运行工作站，观察信号线是否显示正常，有无明显的信号噪声。如果信号噪声明显，需及时更换密封垫。

⑤ 用精密分析天平分别准确称取一定量蒸馏水、无水乙醇、乙酸、乙酸乙酯（建议分别为 2g、3g、6g、4g 左右），配制标准溶液。用微量进样器取 0.2~0.6μL 注入气相色谱中进行气相色谱分析。分析三次，计算每个组分的相对校正因子。

⑥ 用量筒量取大约 55mL 乙酸和 60mL 无水乙醇分别加入到两个 250mL 烧杯中，并在天平上用滴管补加两种试剂直到乙酸为 60g，无水乙醇为 48g，用滴管在乙酸中加入浓硫酸 10~15 滴，然后把无水乙醇和乙酸一起加入到 250mL 的塔釜中。

⑦ 打开塔顶冷却水，打开控制柜加热开关，分别打开塔釜精馏段、提馏段加热控制温度仪表，并设定塔釜加热温度为 95℃，精馏段和提馏段加热保温温度为 80℃。调节塔釜加热电流为 0.3A，保温电流暂时不打开。记录实验开始的时间，每隔 15min 记录各种实验数据一次。

⑧ 在塔釜温度达到 60℃时，开始慢慢调节保温加热电流，精馏段为 0.15A，提馏段 0.20A。注意：不同季节环境温度不同，可以适当改变加热电流的大小。

⑨ 在塔釜蒸汽开始上升时，能观察到塔壁从下到上慢慢被润湿，在蒸汽到达塔顶时，塔顶温度显示仪表读数会快速上升，此时能观察到回流头有液体回流。

⑩ 在塔顶开始回流后，保持全回流 15min，使塔内填料被充分润湿。打开回流比开关，设置回流比为 3。此时，能观察到回流头的摆锤开始来回摆动，有液体开始流到塔顶产品储罐中（可选择操作：保持这个回流比操作 30min，然后把回流比改成 5）。

⑪ 每隔 45min，同时用 5 个取样针在塔身的取样口取样，并进行色谱分析，可以看出塔内组分浓度随反应时间的变化。

⑫ 塔釜温度从 74℃左右突然开始升高时，反应接近终点。塔釜内液体量不足以维持循环时，或者塔釜温度超过 85℃时，停止采出，关闭回流比控制器，使塔为全回流操作，关闭塔身保温加热电流。

⑬ 关闭塔釜加热开关，将加热电流调节到零。将塔顶储罐的产品倒入到烧杯里，加入 100mL 蒸馏水，充分振荡，然后加入到分液漏斗中，放置在试管架上静置分离 20～30min。

⑭ 放出分液漏斗下部的水准确称重，然后将上部的产品乙酸乙酯也准确称重，分别用色谱进行分析。至少重复两次。

⑮ 待塔内液体完全流回到釜内，釜液温度降低到 40℃时，可以打开塔釜，将釜内液体准确称重，并用色谱进行分析。

⑯ 停止通冷却水。在分析完毕后，首先关闭桥电流和加热。等检测器温度降到 70℃以下时，再停止通氮气。

⑰ 将产品废液收集到废液瓶中，清洗各种玻璃仪器，结束全部实验。

五、实验注意事项

① 注意加入原料后再打开加热。
② 注意反应釜液位不能过低。

六、实验数据记录与处理

① 反应产物用气相色谱分析，气相色谱为双气路 910T 型，热导检测器，分析数据由色谱工作站处理。数据记录及处理见表 5-6～表 5-13。

表 5-6　色谱分析条件

室温/℃	室内压力/MPa	柱箱温度/℃	汽化室温度/℃	检测器温度/℃	桥电流/mA	信号衰减

表 5-7　标准溶液色谱分析数据

组分	水	乙醇	乙酸	乙酸乙酯
质量 m_i/g				
质量分数 W_i/%				
第一次分析 A_i/%				
第二次分析 A_i/%				
第三次分析 A_i/%				

表 5-8　色谱分析各组分相对校正因子 f_i'

组分	水	乙醇	乙酸	乙酸乙酯
第一次分析 f_i'				
第二次分析 f_i'				
第三次分析 f_i'				
平均相对校正因子 $\overline{f_i'}$				

表 5-9　反应温度变化

时间/min	塔釜温度/℃	塔顶温度/℃	精馏段温度/℃	提馏段温度/℃

表 5-10　所得产物质量

塔釜产品/g	塔顶水相/g	塔顶酯相/g

表 5-11　所得产物色谱分析结果

组分	水 面积含量/%	乙醇 面积含量/%	乙酸 面积含量/%	乙酸乙酯 面积含量/%
塔顶产品（第一次分析）				
塔顶产品（第二次分析）				
塔釜液相（第一次分析）				
塔釜液相（第二次分析）				
塔顶水相（第一次分析）				
塔顶水相（第二次分析）				

表 5-12　所得产物质量组成

取样位置	质量分数 W_i/%			
	水	乙醇	乙酸	乙酸乙酯
塔顶产品（第一次分析）				
塔顶产品（第二次分析）				
塔釜液相（第一次分析）				
塔釜液相（第二次分析）				
塔顶水相（第一次分析）				
塔顶水相（第二次分析）				

表 5-13　所得产物各组分的质量

取样位置	组分质量/g			
	水	乙醇	乙酸	乙酸乙酯
塔顶产品（第一次分析）				
塔顶产品（第二次分析）				
塔顶产品平均值				
塔釜液相（第一次分析）				
塔釜液相（第二次分析）				

续表

取样位置	组分质量/g			
	水	乙醇	乙酸	乙酸乙酯
塔釜液相平均值				
塔顶水相（第一次分析）				
塔顶水相（第二次分析）				
塔顶水相平均值				

② 进行乙酸和乙醇的全塔物料衡算，可计算乙酸转化率、乙酸乙酯产率和乙酸乙酯收率。

七、思考与分析

① 反应精馏的原料转化率和收率受哪些因素影响？
② 如何改变实验条件才能提高转化率和收率？
③ 怎样对反应精馏塔做物料衡算？试举例说明。
④ 反应精馏有什么优点？

实验十一 萃取精馏

一、实验目的

① 通过实验加深对萃取精馏过程的理解。
② 学习利用乙二醇为萃取剂进行萃取精馏制取无水乙醇。
③ 学会使用气相色谱分析气液两相组成。
④ 学习萃取精馏装置自动控制仪表的使用。

二、实验原理

精馏是化工过程中重要的分离单元操作，其基本原理是根据被分离混合物中各组分相对挥发度（或沸点）的差异，通过精馏塔经多次汽化和多次冷凝将其分离。在精馏塔底获得沸点较高（挥发度较小）产品，在精馏塔顶获得沸点较低（挥发度较大）产品。但实际生产中也常会遇到各组分沸点相差很小或者具有恒沸点的混合物，用普通精馏的方法难以完全分离。此时需采用其他精馏方法，如恒沸精馏、萃取精馏、溶盐精馏等。

萃取精馏是在被分离的混合物中加入萃取剂，以增加原混合物中两组分间的相对挥发度。萃取剂不与混合物中任一组分形成恒沸物，从而使混合物的分离变得容易。萃取剂为挥发度很小的溶剂，其沸点高于原溶液中各组分的沸点。

由于萃取精馏操作条件范围比较宽，溶剂的浓度为热量衡算和物料衡算所控制，而不是被恒沸点所控制。溶剂在塔内也不挥发，故热量消耗较恒沸精馏小，在工业上应用也更为广泛。

常压下，乙醇-水能形成恒沸物，恒沸物的乙醇质量分数为 95.57%，恒沸点 78.15℃，用普通精馏的方法难以完全分离。本实验利用乙二醇为萃取剂，采用萃取精馏的方法分离乙醇-水的混合物制取无水乙醇。

三、实验仪器及试剂

主要仪器：筛板精馏塔（如图 5-6 所示）、电子天平、烧杯、量筒、胶头滴管、三角烧瓶、气相色谱（TCD）、色谱工作站。

主要试剂：乙醇（95%）、无水乙醇（分析纯）、乙二醇（分析纯）。

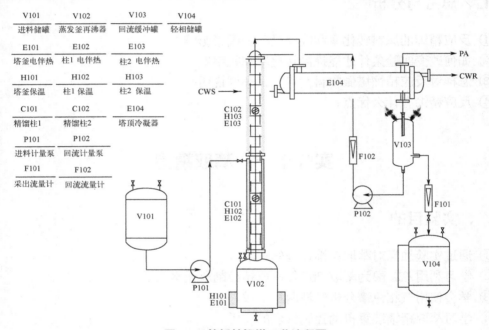

图 5-6　筛板精馏塔工艺流程图

四、实验步骤

1. 气相色谱

① 打开色谱载气的氮气钢瓶总开关，检查压力表读数应大于 2.5MPa。通载气 10min 以上。

② 调节氮气钢瓶输出压力为 0.4MPa 左右，调节气相色谱仪初始压力为 0.25MPa 左右，柱前压力为 0.2MPa 左右。控制尾气流量在 50mL/min，可用皂膜流量计和秒表校正。

③ 打开气相色谱仪开关，按以下条件设定色谱参数：OV（色谱柱柱温）150℃，IJ（汽化室温度）165℃，DT（检测器温度）65℃。启动加热，待恒温灯亮后，设置桥电流

100mA，衰减默认 1 倍。注意恒温灯未亮时严禁设置桥电流，否则会烧坏铼钨丝。

④ 打开电脑，打开 N2000 在线色谱工作站，选择通道 1，设置相关内容。待气相色谱仪基线稳定后，调节基线的位置在"0"。运行工作站，观察信号线是否显示正常，有无明显的信号噪声。如果信号噪声明显，需及时更换进样口密封垫。

⑤ 标准溶液配制：用精密分析天平分别准确称取一定量的无水乙醇、乙二醇、纯净水（建议分别为 3g、5g、2g 左右），配制标准溶液。用微量进样器取 0.2～0.6μL 注入气相色谱中进行气相色谱分析（出峰顺序为水、乙醇、乙二醇）。分析三次，计算每个组分的相对校正因子。

2. 间歇萃取精馏

本实验为探索性实验，利用现有的装置将 95.0%的乙醇经萃取精馏制备无水乙醇，采用合适的操作工艺，争取在短时间内得到低含水量的乙醇产品。

① 量取 7～10L 95.0%的原料乙醇加入到 20L 的塔釜中。塔釜可能会有残液，加入后取塔釜原料用气相色谱进行分析。取 5～8L 的 99.5%的乙二醇加到进料罐中待用。

② 打开塔顶冷却水，打开控制柜加热开关。塔釜加热温度设定为 200～250℃。

③ 在塔釜温度开始升高时，打开塔精馏段、提馏段加热控制温度仪表，设定合适的保温温度。塔釜蒸汽开始上升时，可观察到筛板塔塔盘气液现象。精馏段、提馏段和塔顶温度显示仪表读数会陆续上升，之后能观察到回流罐有液体回流。打开蠕动泵开关，调节蠕动泵转速进行全回流操作（注意转动方向），通过调整转速确定全回流流量。

④ 打开进料蠕动泵，调整一定转速打入萃取剂乙二醇。

⑤ 保持全回流 15min，使塔内填料被充分润湿，可以取出少许回流液用气相色谱测乙醇含水量。之后降低蠕动泵转速，按一定回流比采出产品到产品罐中，注意产品罐如果完全密封则打开产品罐上的开关少许。设计不同的回流比，用气相色谱测定不同回流比条件下的产品组成，同时用气相色谱测试不同时间段（前期、中期和后期）的产品组成。

⑥ 塔釜温度快速上升时，说明乙醇已基本采出。当塔顶温度开始上升时，停止产品采出。将塔顶储罐的产品移出称量，采用气相色谱进行分析。实验过程中，需进行回流蠕动泵校准。

⑦ 停止乙二醇进料，继续加热，调整精馏塔精馏段和提馏段保温温度。让塔釜乙二醇的水分离出来，留存到回流罐中。当塔釜乙二醇里面的水基本蒸出，塔顶温度进一步上升到一定程度后，关闭塔釜加热仪表，关闭塔身保温加热电流，将回流罐中水分取出少许用色谱进行分析。

⑧ 等待一段时间后塔内液体完全流回到釜内，待釜液温度降低到至少不再有液体蒸出时，停止通冷却水。打开塔釜下部开关，取出少许塔釜液用气相色谱进行分析。

⑨ 在分析完毕后，首先关闭桥电流至 0，再关闭色谱加热。待热导检测器温度降到 70℃以下时，停止通氮气。注意一定要先关闭桥电流再停止气相色谱加热。

⑩ 关闭设备，将产品按规定存放或处理，废液收集到废液瓶中，清洗各种玻璃仪器，清理实验台，经指导教师检查签字后，结束全部实验。

五、实验注意事项

① 注意蠕动泵的正反转和物料流动方向。
② 注意原料罐加入原料或产品罐接收产品时，罐体不能完全密封。

六、实验数据记录与处理

实验数据记录及处理表格见表 5-14～表 5-20。

表 5-14 气相色谱运行条件

室温/℃	室内压力/MPa	柱箱温度/℃	汽化室温度/℃	检测器温度/℃	桥电流/mA	信号衰减

表 5-15 气相色谱分析标准溶液数据

组分	水	乙醇	乙二醇
质量 m_i/g			
质量分数 W_i/%			
第一次分析 A_i/%			
第二次分析 A_i'/%			

表 5-16 气相色谱分析各组分相对校正因子 f_i'

组分	水	乙醇	乙二醇
第一次分析 f_i'			
第二次分析 f_i'			
平均相对校正因子 $\bar{f_i'}$			

表 5-17 塔内温度变化记录

时间/min	塔釜温度/℃	塔顶温度/℃	精馏段温度/℃	提馏段温度/℃

表 5-18 所得产物质量数据记录

塔釜产品/g	塔顶产品/g

表 5-19 所得产物气相色谱分析结果

组分	水 面积含量/%	乙醇 面积含量/%	乙二醇 面积含量/%
塔顶产品（第一次分析）			
塔顶产品（第二次分析）			
塔釜液相（第一次分析）			
塔釜液相（第二次分析）			

表 5-20 所得产物质量及组成

取样位置	质量分数 W_i/%			质量/g		
	水	乙醇	乙二醇	水	乙醇	乙二醇
塔顶产品（第一次分析）						
塔顶产品（第二次分析）						
塔顶产品平均值						
塔釜液相（第一次分析）						
塔釜液相（第二次分析）						
塔釜液相平均值						

注：以上表格仅供参考，数据记录及处理也可根据实验内容自行组织整理。

七、思考与分析

① 如果在现有装置中采用加盐萃取精馏，加哪种盐合适？
② 如何进行全塔的物料衡算分析？
③ 萃取精馏与恒沸精馏有何区别？
④ 什么是液泛？液泛有何影响？
⑤ 分析讨论塔顶产品质量的影响因素，采取什么措施能够提高产品质量？

实验十二 共沸精馏

一、实验目的

① 通过实验加深对共沸精馏过程的理解。
② 熟悉精馏设备的构造，掌握精馏操作方法。
③ 学会使用气相色谱分析气液两相组成。

二、实验原理

精馏是化工生产中常用的分离方法。它是利用不同组分在气液两相间的分配，通过多次气液相间的传质和传热来达到分离的目的。对于不同的分离对象，精馏方法也会有所差异。例如，分离乙醇和水的二元物系。由于乙醇和水可以形成共沸物，而且常压下的共沸温度和乙醇的沸点温度极为相近，所以采用普通精馏方法只能得到乙醇和水的混合物，而无法得到无水乙醇。为此，在乙醇-水系统中加入第三种物质，该物质被称为共沸剂。共沸剂具有能和被分离系统中的一种或几种物质形成最低共沸物的特性。在精馏过程中共沸剂将以共沸物的形式从塔顶蒸出，塔釜则得到无水乙醇。这种方法就称作共沸精馏。

乙醇-水系统加入共沸剂苯以后可以形成四种共沸物。现将它们在常压下的共沸温度及共沸组成列于表 5-21。为了便于比较，将乙醇、水、苯纯物质常压下的沸点列于表 5-22。

表 5-21　乙醇-水-苯三元共沸物性质

共沸物（简记）	共沸点/℃	共沸物组成/%		
		乙醇	水	苯
乙醇-水-苯（T）	64.85	18.5	7.4	74.1
乙醇-苯（AB$_z$）	68.24	32.7	0.0	67.63
苯-水（BW$_z$）	69.25	0.0	8.83	91.17
乙醇-水（AW$_z$）	78.15	95.57	4.43	0.0

表 5-22　乙醇、水、苯的常压沸点

物质名称（简记）	乙醇（A）	水（W）	苯（B）
沸点温度/℃	78.3	100	80.2

从表 5-21 和表 5-22 可以看出，除乙醇-水二元共沸物的共沸点与乙醇沸点相近之外，其余三种共沸物的沸点与乙醇沸点均有 10℃ 左右的温度差。因此，可以设法使水和苯以共沸物的方式从塔顶分离出来，塔釜则得到无水乙醇。

图 5-7 为乙醇-水-苯三角相图，整个精馏过程可以用图 5-7 来说明，图中 A、B、W 分别为乙醇、苯和水的英文字头。AB$_z$、AW$_z$、BW$_z$ 代表三个二元共沸物，T 表示三元共沸物。图中的曲线为 25℃下乙醇-水-苯三元混合物的溶解度曲线。该曲线下方为两相区，上方为均相区。图中标出的三元共沸组成点处在两相区内。

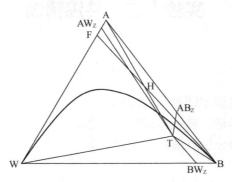

图 5-7　乙醇-水-苯三角相图

以 T 为中心，连接三种纯物质 A、B、W，二元共沸组成点 AB$_z$、AW$_z$、BW$_z$，将该图分为六个小三角形。如果原料液的组成点落在某个小三角形内，当塔顶采用混相回流时精馏的最终结果只能得到这个小三角形三个顶点所代表的物质。故要想得到无水乙醇，就应该保证原料液的组成落在包含顶点 A 的小三角形内，即在△$ATAB_z$ 或△$ATAW_z$ 内。从沸点看，乙醇-水的共沸点和乙醇的沸点仅差 0.15℃，就本实验的技术条件无法将其分开。而乙醇-苯的共沸点与乙醇的沸点相差 10.06℃，很容易将它们分离开来。所以分析的最终结果是将原料液的组成控制在△$ATAB_z$ 中。

图 5-7 中 F 代表未加共沸剂时原料乙醇-水混合物的组成。随着共沸剂苯的加入，原料液的总组成将沿着 FB 连线变化，并与 AT 线交于 H 点，这时共沸剂苯的加入量称作理论共沸剂用量，它是达到分离目的所需的最少共沸剂量。

上述分析只限于混相回流的情况，即回流液的组成等于塔顶上升蒸汽组成的情况。而塔顶采用分相回流时，由于富苯相中苯的含量很高，可以循环使用，因而苯的用量可以低于理论共沸剂的用量。分相回流也是实际生产中普遍采用的方法。它的突出优点是共沸剂的用量少，共沸剂提纯的费用低。

三、实验仪器及试剂

主要仪器：精馏装置、电子天平、烧杯。
主要试剂：乙醇（95%）、苯（分析纯）、去离子水。
装置说明：本实验所用的精馏塔为内径 ϕ20mm×200mm 的玻璃塔，内装 θ 网环型（ϕ3mm×3mm）高效散装填料，填料层高度 1.2m。与反应精馏装置相同，实验装置如图 5-5 所示。

塔釜为一只结构特殊的三口烧瓶。上口与塔身相连，侧口用于投料和采样，下口为出料口。釜侧玻璃套管插入一只测温热电阻，用于测量塔釜液相温度，釜底玻璃套管装有电加热棒，用于加热釜料，并通过一台自动控温仪控制加热温度，使塔釜的传热量基本保持不变。塔釜加热沸腾后产生的蒸汽经填料层到达塔顶全凝器。为了满足各种不同操作方式的需要，在全凝器与回流管之间设置了一个特殊构造的容器。在进行分相回流时，它可以用作分相器兼回流比调节器。当进行混相回流时，它又可以单纯地作为回流比调节器使用。这样的设计既实现了连续精馏操作，又可进行间歇精馏操作。

此外，在进行分相回流时，分相器中会出现两层液体。上层为富苯相，下层为富水相。实验中，富苯相由溢流口回流入塔，富水相则采出。

当间歇操作时，为了保证有足够高的溢流液位，富水相可在实验结束后取出。

四、实验步骤

1. 间歇精馏

① 称取 80g 95%的乙醇和一定量的苯（通过共沸物的组成计算，参考量为 40g），加入塔釜中，并分别对原料乙醇和苯进行色谱分析，确定其组成。

② 向全凝器中通入冷却水，并开启釜电加热系统，调节加热电流慢慢升至 0.4A（注意不要使电流过大，以免设备突然受热而损坏）。待釜液沸腾，开启塔身保温电源，调节保温电流，上段为 0～0.4A，下段为 0.05～0.2A，以使填料层具有均匀的温度梯度，保证

全塔处在正常的操作范围内。

③ 当塔顶有液体出现，全回流 20min 稳定后，调节回流比进行混相回流操作，回流比为 3~5 条件下运行 20min 后，将回流比调至 3。

④ 每隔 10min 记录一次塔顶塔釜温度。

⑤ 待分相器内液体开始溢流，并分成两相，上层为苯相，下层为水相，且能观察到三元共沸物在苯相中以水珠形态穿过，溶于水相中，此时，关闭回流比控制器，开始每隔 10min 取塔釜气相试样进行纯度分析。

⑥ 待塔釜中乙醇含量大于 99.6%时，停止加热，让塔内持液全部流至塔釜，取出釜液。

⑦ 将塔顶馏出液用分液漏斗分离。依次用气相色谱仪分析富水相、富苯相以及釜液组成，并分别称重。

⑧ 切断设备的供电电源，关闭冷却水，结束实验。

2. 连续精馏

① 称取 40~50g 95%的乙醇和一定量的苯（参考量为 20~25g）加入塔釜中。

② 开启塔釜电加热系统，慢慢调节加热电流为 0.3~0.5A，并向全凝器中通冷却水。当塔顶开始出现液滴时，全回流 20min。

③ 将 95%的乙醇和苯（按三元共沸物的配比）从塔加料口加入塔中。乙醇的进料流量参考值为 50~100mL/h，苯的加入量应根据塔顶水相和塔釜乙醇的纯度确定。当塔顶分相器内液体开始回流时，停止加苯，保持适宜的回流比[（3:1）~（5:1）]。

④ 用气相色谱分析塔釜出料乙醇和塔顶排出水的组成，计算单位时间内共沸剂苯的损失量，以确定连续补加苯的量。

⑤ 在精馏分离出一定量的乙醇后，停止加料。待塔内无原料后，取出精制后乙醇。

⑥ 将塔顶馏出液用分液漏斗分离。依次用气相色谱仪分析富水相、富苯相以及产品组成，并分别称重。

⑦ 切断电源，关闭冷却水，结束实验。

五、实验注意事项

① 加入原料后再打开加热，反应釜液位不能过低。

② 实验时注意通风和防护。

六、实验数据记录与处理

① 反应产物用气相色谱分析。分析用气相色谱为双气路 910T 型，热导检测器。分析数据由色谱工作站处理。数据记录及处理表格见表 5-23~表 5-30。

表 5-23　色谱分析条件

室温/℃	室内压力/MPa	柱箱温度/℃	汽化室温度/℃	检测器温度/℃	桥电流/mA	信号衰减

表 5-24 气相色谱分析标准溶液数据

组分	水	乙醇	苯
质量 m_i/g			
质量分数 W_i/%			
第一次分析 A_i/%			
第二次分析 A_i/%			
第三次分析 A_i/%			

表 5-25 色谱分析各组分相对校正因子 f_i'

组分	水	乙醇	苯
第一次分析 f_i'			
第二次分析 f_i'			
第三次分析 f_i'			
平均相对校正因子 f_i'			

表 5-26 塔内温度变化记录

时间/min	塔釜温度/℃	塔顶温度/℃	精馏段温度/℃	提馏段温度/℃

表 5-27 所得产物质量

塔釜产品/g	塔顶产品/g	塔顶水相/g	塔顶苯相/g

表 5-28 所得产物气相色谱分析结果

组分	水 面积 A_i/%	乙醇 面积 A_i/%	苯 面积 A_i/%
塔顶产品（第一次分析）			
塔顶产品（第二次分析）			
塔釜液相（第一次分析）			
塔釜液相（第二次分析）			
塔顶水相（第一次分析）			
塔顶水相（第二次分析）			

表 5-29 所得产物质量分数

取样位置	质量分数 W_i/%		
	水	乙醇	苯
塔顶产品（第一次分析）			
塔顶产品（第二次分析）			
塔釜液相（第一次分析）			
塔釜液相（第二次分析）			
塔顶水相（第一次分析）			
塔顶水相（第二次分析）			

表 5-30 所得产物中各组分的质量

取样位置	组分质量/g		
	水	乙醇	苯
塔顶产品（第一次分析）			
塔顶产品（第二次分析）			
塔顶产品平均值			
塔釜液相（第一次分析）			
塔釜液相（第二次分析）			
塔釜液相平均值			
塔顶水相（第一次分析）			
塔顶水相（第二次分析）			
塔顶水相平均值			

② 根据实验结果作全塔物料衡算，并对共沸物形成的富水相、富苯相进行分析和衡算，求出塔顶三元共沸物的组成，计算乙醇的回收率。

③ 将计算出的三元共沸物组成与文献值比较，求出其相对误差。

七、思考与分析

① 如何计算共沸剂的加入量？

② 实验过程中产生误差的原因有哪些？

③ 苯的毒性很大，实验中如何防止接触苯或吸入苯蒸气？

④ 用哪种毒性小的试剂能替代毒性大的苯？

第六章

化学工艺及综合实验

实验十三　喷雾干燥法制备洗衣粉

一、实验目的

① 通过洗衣粉的制备过程了解洗衣粉的生产原理和生产工艺。
② 了解喷雾干燥的技术、原理以及旋风分离器的分离原理。
③ 能够通过工艺参数调整在预定温度范围内稳态制备洗衣粉。

二、实验原理

洗衣粉的主要有效成分为表面活性剂十二烷基苯磺酸钠，另含有助洗剂等其他成分。将有关原料根据配方配制好后，用水溶解，进行喷雾干燥。得到易于溶解、体积蓬松的产品。

将溶液、乳浊液、悬浊液或浆料在热风中喷雾成细小的液滴，在它下落的过程中，水分被蒸发而成为粉末状或颗粒状的产品，称为喷雾干燥。如果将 $1cm^3$ 体积的液体雾化成直径为 $10\mu m$ 的球形雾滴，其表面积将增加数千倍，显著地加大了水分的蒸发面，提高了干燥速率，缩短了干燥时间。

在干燥器顶部通入热风，同时将料液泵送至顶部，经过雾化器喷成雾状的液滴。这些液滴群的表面积很大，与高温热风接触后水分迅速蒸发，在极短的时间内便成为干燥产品，从干燥塔底部排出。热风与液滴接触后温度显著降低，湿度增大，作为废气抽出。废气中夹带的微量粉末用分离装置回收。如图6-1所示。

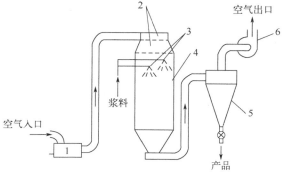

图 6-1　喷雾干燥示意图
1—加热炉；2—空气分布器；3—压力式喷嘴；
4—干燥塔；5—旋风分离器；6—风机

三、实验仪器及试剂

主要仪器：烧杯、量筒、锥形瓶、台秤、喷雾干燥器、界面张力测定仪等。

主要试剂：十二烷基苯磺酸（分析纯）、元明粉（无水硫酸钠，分析纯）、纯碱（分析纯）、三聚磷酸钠（分析纯）、4A分子筛（化学纯）、羧甲基纤维素（分析纯）。

四、实验步骤

① 配制浆料：按以下配方配制。

十二烷基苯磺酸12.5g，元明粉（无水硫酸钠）21.5g，纯碱7.5g，三聚磷酸钠（或4A分子筛）8g，羧甲基纤维素0.5g，水100g。

配制浆料时应先将十二烷基苯磺酸与纯碱反应，然后再加入其他原料。加料时一定要及时搅拌，以防结块。配好的浆料要等全部固体彻底溶解，才能进行喷雾干燥。配制好的浆料移至锥形瓶内，并安装到喷雾干燥器的下部搅拌器上，进行搅拌并准备干燥。水的用量根据设备特点可以适当增加。也可自行查阅文献设计洗衣粉配方进行浆料配制。

② 干燥：开启风机并调节进风量，开启加热器并调节其出口温度至150~300℃，使干燥器内温度升高至上段125~190℃、下段120~170℃。注意：不同设备的温度上限设定值不同，温度上限设定值根据实验室设备手册说明确定。开启加热时应开启鼓风机，以防电加热器烧坏。

③ 干燥器温度达到设定值后，打开双流式喷嘴的冷却水阀门，把喷嘴的进风压力控制在0.12MPa，调整蠕动泵的转速为5~20r/min，开启蠕动泵。稍等片刻，旋风分离器内有微球状粉末出现，这时记录加料速度、风压、干燥器顶温度与干燥器底温度。干燥过程中可以改变进料速率，观察干燥后的固体颗粒有何变化。

预先设定干燥筒上段的温度作为指标，通过调整加料速率、鼓风机风量、喷嘴风压、加热速率等参数，将干燥过程调至稳态，并记录各参数数值。

待浆液全部吸入后，将吸液管移至有蒸馏水的烧杯内，清洗喷头及管路10分钟。停止加热，鼓风机继续鼓风冷却。待温度降至70℃以下关闭电源。

在实验中，应特别注意雾化器处冷却水的使用，应在进料前将冷却水打开，以免浆料过热，水分蒸发，将喷头堵塞。实验结束后关闭冷却水。

④ 干燥完毕，记录进料时间，将所得产品称重。

⑤ 配制1%洗衣粉水溶液，测定其表面张力。

五、实验注意事项

① 进料前一定开启雾化器冷却水。

② 关闭加热后不能关闭鼓风机，要保持鼓风机通风。待温度降至70℃以下方能关闭鼓风机。

六、实验数据记录与处理

① 称重所得产品,计算产率和生产能力。
② 在显微镜下观察最后成型颗粒的外观形状和尺寸。
③ 画出制备流程,并详细阐述达到预设温度稳态过程的调整方法。
④ 1%洗衣粉水溶液与纯水的表面张力作对比。

七、思考与分析

① 旋风分离器的使用方法、原理及喷雾干燥成型的基本原理是什么?
② 通过改变实验中的哪些条件可改变颗粒的粒径?
③ 进料时固含量过高或过低会有什么影响?如何避免喷嘴堵塞?
④ 洗衣粉溶液与纯水表面张力的对比结果说明了什么?
⑤ 洗衣粉中各组分的作用是什么?无磷洗衣粉制备时需替代哪种组分?采用何种助剂替代?

实验十四　催化剂的制备(1)

一、实验目的

① 了解氧化铝水合物的制备技术和原理,能够通过铝盐和碱的共沉淀反应制备 $\alpha\text{-}Al_2O_3 \cdot H_2O$。
② 能够进行釜式反应器的水循环加热并掌握仪表的控制与使用。
③ 能够将催化剂制备、比表面积测试实验联合设计,选择影响催化剂比表面积的某一因素进行探究。

二、实验原理

氧化铝(Al_2O_3)有多种结构形态,物化性质千差万别。活性氧化铝不仅能做脱水吸附剂、色谱吸附剂,更重要的是做催化剂和催化剂载体,广泛用于石油化工领域,涉及重整、加氢、脱氢、脱水、脱卤、歧化、异构化等各种反应。

催化剂或催化剂载体用的氧化铝,对物性和结构都有一定的要求,最基本的是比表面积、孔结构、晶体结构等。氧化铝的结构对反应活性影响极大,例如重整催化剂,金属铂、铼负载在 $\gamma\text{-}Al_2O_3$ 或 $\eta\text{-}Al_2O_3$ 上活性较好,但负载于其他形态氧化铝上活性很低。再如烃类脱氢催化剂,Cr-K 负载在 $\gamma\text{-}Al_2O_3$ 或 $\eta\text{-}Al_2O_3$ 上活性较好,而负载在其他形态氧化铝上活性很差。说明氧化铝不仅起载体作用,而且也起到了活性组分的作用。因此,称这种氧化铝为活性氧化铝。$\alpha\text{-}Al_2O_3$ 则不是活性氧化铝,在反应中是惰性物质,只能做载体使用。

制备活性氧化铝的方法不同，得到产品的结构不同、活性不同，因此应严格控制制备条件，不应混入杂质。尽管制备方法和路线很多，但都必须首先制备氧化铝水合物（也称氢氧化铝，水合氧化铝），再经高温脱水生成活性氧化铝。自然界存在的氧化铝或氢氧化铝脱水生成的氧化铝，不能作载体或催化剂使用，不仅因杂质多，主要是结构和催化活性难以满足要求。由此可见，制备氧化铝水合物是制备活性氧化铝的基础。本教材催化剂制备分两个实验，最终拟制备活性 γ-Al_2O_3。本节实验拟制备 α-$Al_2O_3 \cdot H_2O$。

氧化铝水合物经 X 射线分析，可知有多种形态，通常分为结晶态和非结晶态。结晶态中含有一水和三水合物两类。非结晶态则含有无定型和结晶度很低的水合物两种，它们都是凝胶态。水合氧化铝形态可总括为下述表达形式：

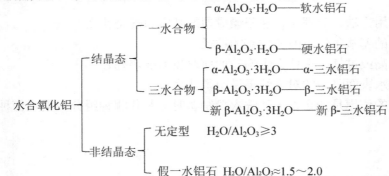

非结晶态水合氧化铝，尤其是假一水铝石，在制备过程中通过控制溶液的 pH 值或温度能够向一水合氧化铝转变。经老化后大部分变成 α-$Al_2O_3 \cdot H_2O$，这种形态是生成 γ-Al_2O_3 的唯一线路。α-$Al_2O_3 \cdot H_2O$ 凝胶是针状聚集体，难以洗涤过滤。β-$Al_2O_3 \cdot 3H_2O$ 是球形颗粒，紧密排列，易于洗涤过滤。

氧化铝水合物加热会脱水，脱水温度不同可生成不同晶型的氧化铝。当加热温度为 1200℃时，各种晶型的氧化铝都将变成 α-Al_2O_3（亦称刚玉），α-Al_2O_3 的比表面积和孔体积较小。

氧化铝水合物的常用制备方法如下：

（1）以铝盐为原料

用 $AlCl_3 \cdot 6H_2O$、$Al_2(SO_4)_3 \cdot 18H_2O$、$Al(NO_3)_3 \cdot 9H_2O$、$KAl(SO_4)_2 \cdot 24H_2O$ 等水溶液与沉淀剂氨水、NaOH、Na_2CO_3 等溶液反应生成氧化铝水合物。

$$AlCl_3 + 3NH_4OH \longrightarrow Al(OH)_3\downarrow + 3NH_4Cl$$

球状活性氧化铝以三氯化铝为原料有较好的成型性能，实验室多使用该法制备水合氧化铝。

（2）以偏铝酸钠为原料

偏铝酸钠可在酸性溶液作用下分解沉淀析出氢氧化铝。此方法在工业生产上比较经济，是常用的生产活性氧化铝的路线。常用通入 CO_2 或加入硝酸的方法制各种晶型的 $Al(OH)_3$。

$$2NaAlO_2 + CO_2 + 3H_2O \longrightarrow Na_2CO_3 + 2Al(OH)_3\downarrow$$

或

$$NaAlO_2 + HNO_3 + H_2O \longrightarrow NaNO_3 + Al(OH)_3\downarrow$$

本实验采用铝盐与氨水沉淀法。将沉淀物在 pH=8~9 范围内老化一定时间，使之变成软水铝石，再洗涤至无氯离子。将滤饼用酸胶溶成流动性较好的溶胶，再用滴加法滴入油氨柱内，在油中受表面张力作用收缩成球，再进入氨水中，经中和、老化后形成较硬的凝胶球状物（直径在 1~3mm 之间），经水洗后进行干燥。沉淀对滤饼洗涤难易有直接影响，其操作条件决定了颗粒大小、粒子排列和结晶完整程度，加料顺序、浓度和速度也都有影响。沉淀中 pH 值不同，得到的水合物不同。

$$Al^{3+} + OH^- \begin{cases} pH<7 \longrightarrow 无定型胶体 \\ pH=9 \longrightarrow \alpha\text{-}Al_2O_3 \cdot H_2O\ 胶体 \\ pH>10 \longrightarrow \beta\text{-}Al_2O_3 \cdot 3H_2O\ 结晶 \end{cases}$$

将 Al^{3+} 倾倒于碱液中时，pH 值由大于 10 向小于 7 转变，产物有各种形态的水合物，不易得到均一形态。如果反向投料，若 pH 值不超过 10，产物只有两种形态，经老化后会趋于一种形态。为此，采用将氨水加入 Al^{3+} 溶液中的方法，并维持稳定的 pH 值。

老化是使沉淀不再发生可逆结晶变化的过程，同时使一次粒子再结晶、纯化和生长。另外也使胶粒之间进一步黏结，胶体粒子得以增大。这一过程随温度升高而加快，常常在较高温度下进行。

洗涤是为了除去杂质。制备催化剂或载体时，都要求除去 S、P、As、Cl 等有害杂质，否则催化活性较差。氧化铝水合物制备过程中有 Al^{3+} 和 OH^- 存在是必要的，其他离子可水洗除掉。若杂质以相反离子形式吸附在胶粒周围而不易进入水中时，则需用水打浆再过滤，多次反复操作才能洗净。若有 SO_4^{2-} 存在则难以完全洗净。当 pH 值近于 7 时，$Al(OH)_3$ 会随水流失，一般应维持 pH>7。

三、实验仪器及试剂

主要仪器：不锈钢溶液配制槽、反应釜（300mL）、无级调速搅拌装置、加热系统（350W）、温度控制系统、真空泵、抽滤漏斗、电子天平、打浆槽等。

主要试剂：结晶三氯化铝（化学纯）、氨水（25%，化学纯）、去离子水、精密 pH 试纸（pH 7~10）、硝酸银指示剂。

四、实验步骤

① 用电子天平称量 13.5g 结晶三氯化铝（$AlCl_3 \cdot 6H_2O$）放入不锈钢溶液配制槽内，用量筒量取 142mL 蒸馏水加入，搅拌制得三氯化铝溶液。

② 取浓氨水（25%）25mL，用水稀释一倍待用。

③ 将三氯化铝溶液放入反应釜内，升温至 40℃，在搅拌下快速倒入配制量 80%的氨水，观察搅拌桨叶的转动情况。若溶液变黏稠，再加少许氨水。测定凝胶 pH 值，pH 值在 8~9 之间则合格，停止加氨水，继续搅拌 30 分钟，随时测 pH 值，如有下降再补加氨水。

④ 把温度升至 70℃，停止搅拌，静止老化 30 分钟。
⑤ 将老化的凝胶转移至抽滤漏斗内过滤。
⑥ 取出过滤抽干的滤饼，称重。
⑦ 将滤饼放在打浆槽内，加入 200mL 蒸馏水，搅拌打碎滤饼（此操作称为打浆）。全部变成浆状物后静置，备下次实验使用。
⑧ 进行催化剂比表面积影响因素的探究实验设计。

五、实验注意事项

① 取用氨水需在通风橱中进行，且佩戴防护镜。
② 取用试剂时标签应看仔细。

六、实验数据记录与处理

记录制备滤饼的质量，计算 α-$Al_2O_3·H_2O$ 的理论产率，计算滤饼质量与三氯化铝的比值，并进行分析。

七、思考与分析

① 影响 α-$Al_2O_3·H_2O$ 制备的主要因素有哪些？
② 如果加料顺序和实验要求相反，得到的产品是什么？
③ 滤饼质量与三氯化铝的比值的大小与什么因素有关？

实验十五　催化剂的制备（2）

一、实验目的

① 能够用油氨柱成型方法进行氧化铝水合物的造粒，能够进行催化剂粒径分布的测定。
② 能够使用活性氧化铝制备过程中的干燥及煅烧设备。
③ 能够将催化剂制备、比表面积测试实验联合设计，选择影响催化剂比表面积的某一因素进行探究。

二、实验原理

将制备的 α-$Al_2O_3·H_2O$ 加硝酸酸化，使凝胶这种暂时凝集起来的分散相重新变成溶胶。当向 α-$Al_2O_3·H_2O$ 中加入少量 HNO_3 时发生如下反应

$$Al(OH)_3 + 3HNO_3 \longrightarrow Al(NO_3)_3 + 3H_2O$$

生成的 Al^{3+} 在水中电离并吸附在 $Al(OH)_3$ 表面上，NO_3^- 为反离子，从而形成胶团的双电层。仅有少量 HNO_3 就足以使凝胶态的滤饼全部发生胶溶，以致变成流动性很好的溶胶。当 Cl^-、Na^+ 或其他离子存在时，溶胶的流动性和稳定性变差，所以应尽可能避免杂质存在。此外，杂质还会影响催化剂的活性。利用溶胶在适当 pH 值和适当介质中能凝胶化的原理，把溶胶滴入油层，这时由于表面张力而形成球滴。球滴下降中遇碱性介质形成凝胶化小球，从而制备球状催化剂。也可将酸化的溶胶进行喷雾干燥，生成 40~80μm 的微球，从而制备微球催化剂。

三、实验仪器及试剂

主要仪器：真空过滤机、油氨柱、注射器、兽用针头、干燥箱、马弗炉、坩埚、坩埚钳、千分尺、400 倍显微镜等。

主要试剂：氨水（25%，化学纯）、变压器油（化学纯）、平平加（分析纯）、去离子水、HNO_3（分析纯）、硝酸银（分析纯）、精密 pH 试纸（pH 7~10）、定性滤纸。

四、实验步骤

① 将制备好的水合氧化铝浆料用真空过滤机过滤。

② 将滤饼再次放在打浆槽内，加入 200mL 水打浆并过滤。采用硝酸银溶液检测氯离子是否洗涤干净。

③ 油氨柱内加入约 150mL 浓度为 12.5% 氨水，滴加 1~2 滴 3%（质量分数）平平加表面活性剂溶液，再加大约 300mL 的变压器油。由此构成简易油氨柱。

④ 将过滤好的滤饼取出，放在打浆槽内，加入滤饼量 2%~3% 的浓硝酸（质量计，约 12 滴）。用玻璃棒强烈搅动，将块状凝胶全部打碎，滤饼逐渐变成流动性很好的溶胶。

⑤ 用 50mL 针筒取浆液，装上针头，针尖向下，往油氨柱滴加溶胶。溶胶在油层中收缩成球状，穿过油层后进入氨水中，变成球状凝胶小球。在氨水中老化 30 分钟。

⑥ 放出油层和氨水，回收变压器油。倒出凝胶小球，用蒸馏水洗涤数次。洗涤时可加少量平平加溶液。

⑦ 洗净后的水合氧化铝凝胶小球，转移到布氏漏斗上过滤，在室温下风干 24 小时，然后放入烘箱中在 105℃下干燥 6 小时得到干燥的水合氧化铝，再置于马弗炉中 500℃下煅烧 4 小时生成 γ-Al_2O_3（当操作条件不当时会混有 η-Al_2O_3）。

五、实验注意事项

① 取用氨水、浓硝酸时需在通风橱中操作且佩戴防护镜。

② 使用马弗炉期间需有人值守。

六、实验数据记录与处理

① 计算水合氧化铝和 $\gamma\text{-}Al_2O_3$ 的实际收率,解释与理论收率有差别的原因。
② 测定所制备催化剂的尺寸。
③ 画出制备流程。
④ 给出催化剂比表面积影响因素的探究报告。

七、思考与分析

① 如何控制活性氧化铝的质量?
② 怎样才能提高洗涤效率?怎样才能提高氧化铝收率?
③ 油氨柱成型的基本原理是什么?可用哪些油类物质作油层?
④ 为什么油氨柱成型要加表面活性剂?

实验十六 通用化工洗涤剂的制备

一、实验目的

① 掌握洗涤剂产品配方、加料顺序及各组分的作用,巩固化工基本生产操作知识。
② 增强液体精细化工产品生产工艺指标控制能力;强化工艺流程读图能力,提升根据产品需求设计、搭建设备的能力;提升生产事故判断与处理能力。
③ 培养团队合作意识,提升有效沟通能力;培养工程职业道德和责任关怀理念;加强生产过程对环境和社会可持续发展影响的评价意识;强化项目层级管理能力。

二、实验原理

人类最早使用的洗涤剂是肥皂。随着有机合成表面活性剂的成功开发,合成洗涤剂逐步进入人们的生活,液体洗涤剂行业也得到了迅速发展。液体洗涤剂大致有衣料液体洗涤剂、餐具洗涤剂、个人卫生用清洁剂、硬表面清洗剂等。

洗涤用品工业的发展与经济、环境、技术和人口等因素的关联性较大,产品结构随着需求结构的不同而发生转变。液体洗涤剂是近几年洗涤用品行业中发展的热点,行业存在着巨大的商业空间。近年来,液体洗涤产品向着人体安全性、环境相容性方向转变,节能、节水、安全、环保型产品将得到较快发展。

液体洗涤剂的除污(油)机理主要是利用表面活性剂降低油水的表面张力,发生乳化作用,将待清洗的油污分散和增溶在洗涤液中。表面活性剂是液体洗涤剂的主要组分,因此了解它对洗涤作用的影响,对于选择合适的组分至关重要。

表面活性剂的表面张力、吸附作用、增溶作用、乳化作用、疏水基链长都将影响液体洗涤剂的洗涤效果。用作洗涤剂的表面活性剂,为达到良好的洗涤作用,表面活性剂亲水基与亲油基应达到适当的平衡,HLB(hydrophilic lipophile balance)值在 13～15 之间为宜。

选择液体洗涤剂的主要组分时,应遵循以下一些通用原则:
① 有良好的表面活性和降低表面张力的能力,在水相中有良好的溶解能力。
② 表面活性剂在油/水界面能形成稳定的紧密排列的凝聚态膜。
③ 根据乳化油相的性质,油相极性越大,要求表面活性剂的亲水性越强;油相极性越小,要求表面活性剂的疏水性越强。
④ 表面活性剂能适当增大水相黏度,以减少液滴的碰撞和聚结速度。
⑤ 要能用最小的浓度和最低的成本达到所要求的洗涤效果。

三、实验仪器及试剂

主要仪器:通用化工洗涤剂实践装置、烧杯、电子天平等。

主要试剂:EDTA(乙二胺四乙酸)、AOS(α-烯基磺酸钠)、AES(脂肪醇聚氧乙烯醚硫酸钠)、6501(椰油脂肪酸二乙醇酰胺)、K12(十二烷基硫酸钠)、亮蓝色素、CAB-35(椰油酰胺丙基甜菜碱)、薰衣草香精、去离子水。

通用化工洗涤剂实践装置工艺流程方框图如图 6-2 所示。

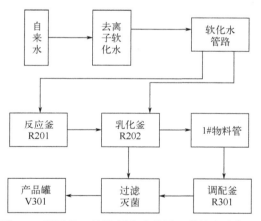

图 6-2　通用化工洗涤剂实践装置工艺流程方框图

依托工业生产精细化工产品的基本流程,该实践装置包含了公用工段、反应配料、料液乳化、调和、过滤分离等多个单元模块。自来水经过软化水柱(X101)处理成软化水后,用来作为配料以及冷却循环水供水使用。根据产品指标要求调节产品 pH 值至 6～8,活性剂含量不低于 10%,按比例配入反应釜(R201),经充分混合均匀后,取样检测。合格后导入至乳化釜(R202),进行乳化,得到初步产品。为保证最终产品具有一定的香味、黏度、通透性、稳定性,需要进一步调配处理,常见的工艺是在调配釜(R301)内加入调和剂,比如香精、增稠剂、增亮剂、抗凝剂等。最后将处理后的产品冷却至成品温度,经过滤器(F301)分离、灭菌器(X302)灭菌后即可得到符合指标要求的产品,存入产品罐(V301)内。

通用化工洗涤剂实践装置工艺流程图如图 6-3 所示。

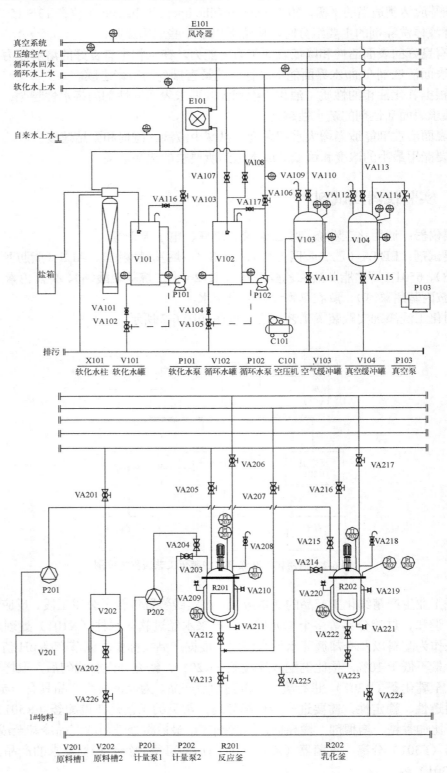

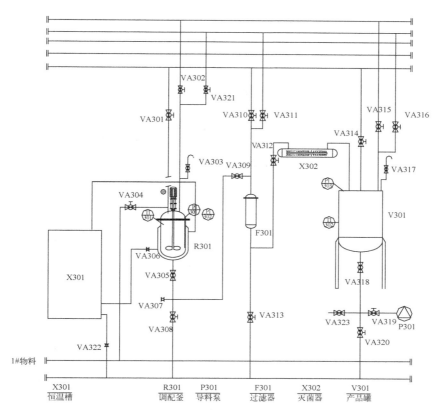

图 6-3 通用化工洗涤剂实践装置工艺流程图

实验操作过程中，各控制点的控制参数见表 6-1。

表 6-1 通用化工洗涤剂实践装置工艺指标

名称		重要工艺点	工艺要求
技术指标	公共单元	软化水罐液位 LIC101	250～550mm
		循环水罐液位 LIC102	250～550mm
		循环水罐温度 TI102	≤30℃
		空气缓冲罐压力 PI103	0.7MPa
		真空缓冲罐压力 PI104	−0.06MPa
	乳化配料单元	反应釜温度 TI201	45℃≤TI201≤80℃
		反应釜转速 nI201	0～400r/min
		反应釜压力 PI201	−0.05～0MPa
		乳化釜温度 TI202	45℃≤TI202≤80℃
		乳化釜转速 nI202	0～100r/min
		乳化机转速	7000～30000r/min
		乳化釜压力 PI202	−0.05～0MPa
	调和冷却单元	调配釜温度 TI301	≤35℃
		调配釜压力 PI301	−0.02～0.03MPa
		调配釜转速 nI301	0～100r/min
		调配釜 pH 值	6～8
		产品罐温度 TI302	≤30℃

操作条件如下。

操作温度：溶解温度 35～45℃；乳化温度 55～65℃。

乳化时间：10～15min，乳化均质机严禁空转！

洗涤剂配方：本实验制备洗衣液，配方见表 6-2。

表 6-2　洗衣液配方

序号	名称	质量分数/%	备注
1	EDTA（乙二胺四乙酸）	1	
2	AOS（α-烯基磺酸钠）	3	
3	AES（脂肪醇聚氧乙烯醚硫酸钠）	8	
4	6501（椰油脂肪酸二乙醇酰胺）	8	若使用乳化均质机，釜液必须达到 20L
5	K12（十二烷基硫酸钠）	1	
6	亮蓝色素	少许	
7	CAB-35（椰油酰胺丙基甜菜碱）	1	
8	薰衣草香精	少许	
9	去离子水	78	

四、实验步骤

① 详细阅读装置使用说明书，分岗位熟悉流程、阀门、设备、控制等详细内容。

② 分工合作，采用水进行一次模拟实验。

③ 计算 20L 洗衣液各原料用量。

④ 计量槽分两次加入 860mm、455mm 左右液位的软化水，共计约 20L。

⑤ 反应釜温度 45℃，开启搅拌，加入 EDTA，加入 AOS（约 5min 溶解完毕）。

⑥ 加入 AES（约 8min 溶解完毕），维持温度及转速，加入 6501。

⑦ 反应釜设定温度 65℃，设定转速约 75r/min，混合 5min。

⑧ 导料至乳化釜，设定温度 65℃，搅拌转速设定约 75r/min，乳化机速度 10000r/min，待釜内温度升至 65℃左右，加入 K12，搅拌 35min。

⑨ 导料至调配釜，冷却至 35℃以下，加入甜菜碱、香精、亮蓝色素，3min 后实验完毕，出料。

五、实验注意事项

① 系统采用自来水作试漏检验时，系统加水速度应缓慢，系统高点排气阀应打开，密切监视系统压力，严禁超压。

② 恒温槽切记加水不要过满，防止循环过程中水外溢。

③ 关闭真空系统之前，应先开启真空缓冲罐放空阀，再关闭真空泵，防止倒吸。

④ 导料时若釜底出料堵塞，可开启釜底阀门通入压缩空气，及时调节阀门开度，防止液体飞溅。

⑤ 乳化均质机严禁空转！受均质机安装位置限制，釜内物料必须在 20L 以上均质机才能起作用，运行的时候搅拌头必须淹没到液面以下，不然空转或者带气运行，都可能导致气缚造成干转，损坏乳化头。

⑥ 实验结束时，用水清洗管路和设备，清洗过程详见设备说明书。

六、实验数据记录与处理

① 配制 1%的洗涤剂溶液，测试其表面张力，与纯水的表面张力进行比较。
② 画出制备流程。
③ 阐述同组分工及个人承担角色。

七、思考与分析

① 在制备过程中遇到了哪些问题？是怎样解决的？
② 设备使用过程中存在哪些问题？设备哪些地方有待改进？

八、附录：装置使用说明

1. 公共单元操作

① 上电：打开总电源，开启公共单元模块总电源与控制电源，打开公共单元的一体机，如图 6-4 所示。

图 6-4 公共单元开始界面

选择"单机版"点击"确认"按钮,即可进入公共单元操作界面开始实验,如图 6-5 所示。

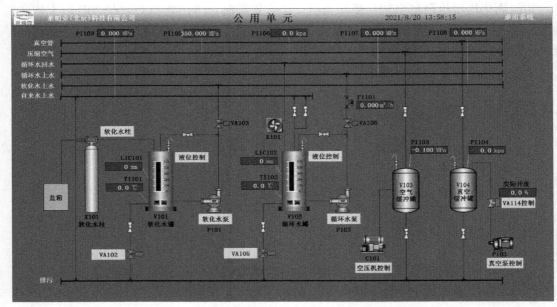

图 6-5 公共单元操作界面

说明:VA102、VA103、VA105、VA106、VA114 为电动阀,显示红色为关闭状态,显示绿色为开启状态,点击可切换阀门状态。可观察各釜温度状态。

② 检查控制系统相关量程、刻度与阀门状态是否正常,并对应填写确认表 6-3。

③ 设定工艺参数检查无误后,手动设定控制系统软化水罐,液位上限 550mm,下限 250mm(达到液位下限时,软化水泵 P101 无法启动,因此设置下限时保证液位高于泵入口即可,超过设置的液位上限时电动阀门 VA102 会自动开启排污)。设定循环水罐,液位上限 550mm,下限 250mm,温度上限 30℃(根据液位和温度结合控制相应电动阀门的开启或关闭原理,尽可能保证循环水的温度和液位在设定范围内)。

说明:点击"软化水罐液位控制"按钮出现软化水罐控制操作选项,可以根据实验需要对软化水罐的液位上限和液位下限进行设置。

④ 上水:打开软化水柱控制阀门(按照该控制阀的说明书进行),打开自来水上水总阀,制取软化水(前提是软化水柱内已填充阳离子树脂)。

⑤ 软化水罐操作:待软化水罐 V101 液位升至 250mm 以上,启动软化水泵 P101,打开阀门 VA103,可根据需要调节阀门 VA116,控制出水流量,打开阀门 VA107,可观察到水进入到循环水罐。软化水泵控制界面如图 6-6 所示。

说明:点击"软化水泵"按钮出现软化水泵控制操作选项。

⑥ 循环水罐操作:待循环水罐液位升至 400mm 以上时,启动循环水泵 P102,打开阀门 VA106,维持设备运行状态,备用(循环出水流量通过涡轮流量计 FI101 显示,可根据需要调节 VA117 阀门,控制出水流量)。另外,可根据实际需要选择自来水循环冷却,此时的操作需要与阀门 VA116 或 VA108 关联。循环水泵液位控制界面如图 6-7 所示。

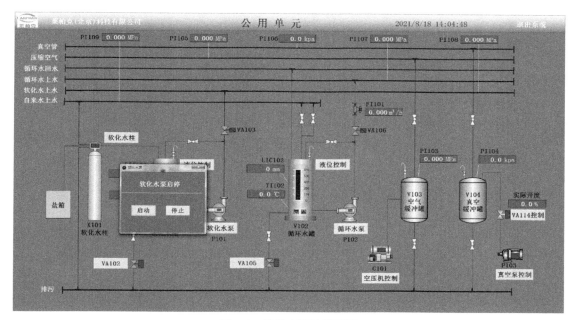

图 6-6 软化水泵控制界面

说明：点击"循环水泵"按钮出现循环水泵控制操作选项。点击"循环水罐液位控制"按钮出现循环水罐控制操作选项，可以对循环水罐的液位控制进行设置，可选择手动模式或自动模式，在自动模式下可根据实验需求设置相应的液位上限和液位下限。

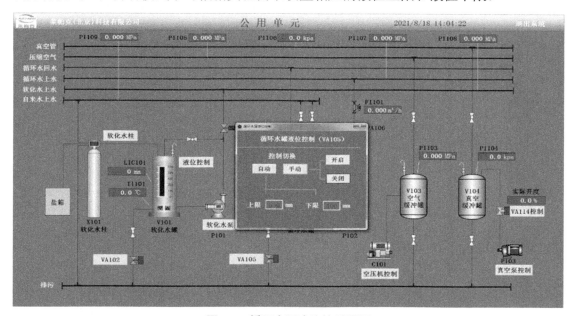

图 6-7 循环水泵液位控制界面

⑦ 空气缓冲罐操作：检查 VA110 处于关闭状态，启动空压机 C101，关闭阀门 VA109，观察空气缓冲罐内压力稳定后备用（或在后续单元需要时再开启使用）。空压机控制界面如图 6-8 所示。

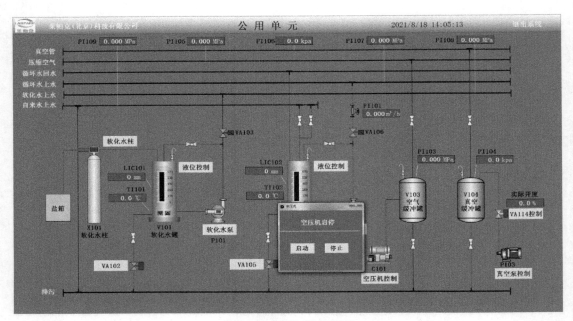

图 6-8 空压机控制界面

说明：点击"空压机控制"按钮出现空压机控制操作选项。

⑧ 真空缓冲罐操作：检查 VA113 处于关闭状态，打开阀门 VA114，启动真空泵 P103，关闭阀门 VA112，通过调节 VA114 开度控制缓冲罐压力在 -0.05MPa 左右，开启阀门 VA113，备用（或在后单元需要时再开启使用）。真空泵控制界面如图 6-9 所示。

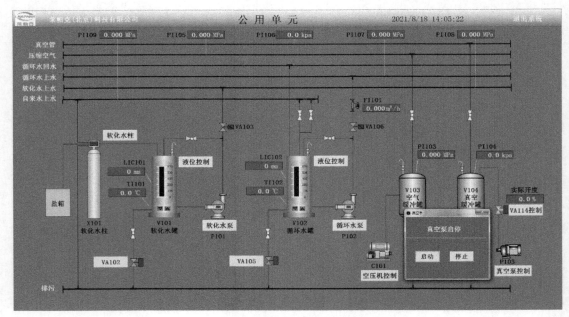

图 6-9 真空泵控制界面

说明：点击"真空泵控制"按钮出现真空泵控制操作选项。

⑨ 操作过程中应注意观察各个总管压力显示读数是否有异常现象。

2. 配料乳化单元操作

① 上电：打开总电源，开启配料乳化单元模块总电源与控制电源，打开配料乳化单元一体机，如图 6-10 所示。

图 6-10　配料乳化单元的开始界面

说明：图 6-10 为公共单元的开始界面，选择"单机版"，点击"确认"按钮，即可进入配料乳化单元的操作界面开始实验，如图 6-11 所示。

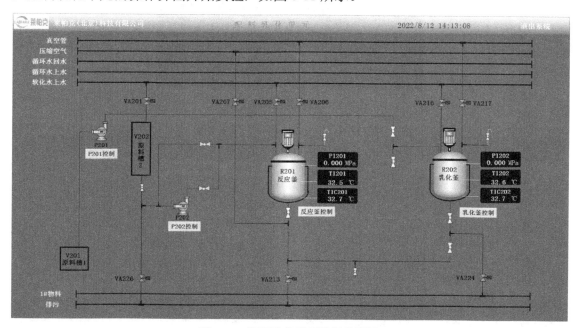

图 6-11　配料乳化单元的操作界面

说明：这里为配料乳化单元操作界面。VA201、VA205、VA206、VA207、VA213、VA216、VA217、VA224、VA226 为电动阀，显示红色为关闭状态，显示绿色为开启状态，点击可切换阀门状态。可观察各釜温度状态。

② 检查控制系统相关量程、刻度与阀门状态是否正常，并对应填写确认表6-4。

③ 按配方称取相关原料，备用。

④ 打开阀门 VA201 向原料槽（V202）加入一定液位的软化水，也可打开原料槽盖子手动加入其他原料。以软化水为例，现场液位计可视液柱高 15mm 液位约为 5L，可视液柱高 105mm 约为 10L，可视液柱高 190mm 约为 15L。开启阀门 VA203，经真空系统输送至反应釜 R201 中。也可打开阀门 VA204 通过计量泵输送至反应釜 R201 中。

计量泵共设置三种控制模式，如图 6-12～图 6-14 所示，分别为常规模式、流量累积模式、程序控制模式。常规模式即输入流量系数和转速，界面显示当前流量。流量累积模式即在固有流量系数下输入转速，界面显示某一时间段累积输送流量体积，也可在此模式下输入设定液体体积，启动泵后当达到设定体积时泵自动停止。程序控制模式即可根据工艺过程需求将流量输送过程分为三段，每段可设置不同的转速及运行时间，泵启动后即按设定程序运行。

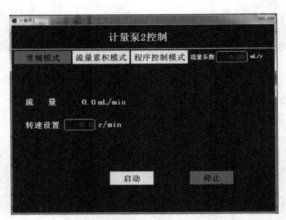

图 6-12　计量泵控制常规模式

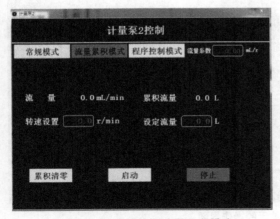

图 6-13　计量泵控制流量累积模式

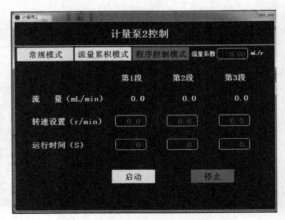

图 6-14　计量泵控制程序控制模式

⑤ 反应釜（R201）用软化水，可通过原料槽（V202）导料，也可通过开启阀门 VA205 直接上水。反应釜加水后即可加入待溶解物料，根据物料相关属性及加料顺序，将原料加至反应釜（R201）中，其中每个物料加入前须等釜内物料溶解完再加入。开启反应釜搅拌，设定转速 100r/min 左右，启动反应釜夹套电加热控制（设定电加热手动加热 80%，待夹套温度升至 58℃左右，关闭电加热，根据釜内温度微调电加热，上述方法可供参考），以釜内物料完全溶解为标准，维持釜内温度 TI201 不超过 80℃为宜。根据釜内物料溶解情况，补加剩余水，继续搅拌至原料全部溶解完成。

⑥ 当产品的生产过程中需要油相成分溶解时，将流动性好的油性液体物料加至原料槽（V201）中，通过计量泵 P201 定量输送至乳化釜中，计量泵共设置三种控制模式，使用方法同上，也可直接加入乳化釜中。依次加入需要溶解的油溶性组分后，开启夹套电加热（设定电加热手动加热 80%，待夹套温度升至 58℃左右，关闭电加热，根据釜内温度微调电加热，上述方法可供参考）及乳化釜搅拌，设定搅拌转速 70r/min 左右，反应釜温度不超过 80℃。

注：在制作液体洗涤剂如洗衣液、洗洁精及汽车用清洗剂时不需要油相和水相分别溶解，因此可在反应釜进行混合、搅拌、溶解，也可在乳化釜中进行。在制作乳化体类制品时需要将水相和油相物料分别溶解，根据水相和油相的加料顺序可分别将反应釜和乳化釜用作水相和油相的溶解罐。如某一乳化液制作中需要将水相加入油相中，此时可将反应釜做水相溶解罐，乳化釜做油相溶解罐，待各相分别溶解完全后，将反应釜溶液利用真空导入乳化釜。然后在乳化釜中进行混合、搅拌、均质乳化。

⑦ 待混合均匀，开启乳化釜（R202）真空阀门 VA217，打开反应釜出料阀门 VA212、VA214，将物料经真空系统（维持乳化釜内真空度-0.02MPa，根据釜内泡沫情况进行乳化釜真空、放空阀调节）导料至乳化釜中。

⑧ 反应釜物料导入乳化釜后，打开乳化釜搅拌，设定螺带式搅拌转速 50～80r/min，均质乳化机转速 10000r/min，乳化 15min 左右，其中均质乳化机搅拌应逐渐增大或逐渐减小设定，以免对均质乳化系统造成损坏。

注：受均质机安装位置限制，釜内物料必须在 20L 以上才能起作用。均质机主要用于油水混合体系，可将油、水剪切为细小颗粒，提高产品的稳定性、均一性。大多用于乳液及膏霜类产品的生产。

⑨ 可通过乳化釜底取样阀 VA225，取样观察乳化质量。

注：此单元乳化釜采用螺带式刮壁搅拌，新设备前期由于四氟刮片较紧，搅拌时会有轻微震动，待四氟刮片磨合均匀后震动情况会消失。

3. 调和冷却单元操作

① 上电：打开总电源，开启调和冷却单元模块总电源与控制电源，打开调和冷却单元的一体机，如图 6-15 所示。

说明：选择"单机版"，点击"确认"按钮，即可进入调和冷却单元的操作界面开始实验，如图 6-16 所示。

② 检查控制系统相关量程、刻度与阀门状态是否正常，并对应填写确认表 6-5。

③ "启动"恒温槽 X301（电脑上操作），设定制冷温度 10℃左右（恒温槽界面上操作），水浴循环不开启（建议实验开始前开启恒温槽，冷却效果更好），备用。

图 6-15 调和冷却单元的开始界面

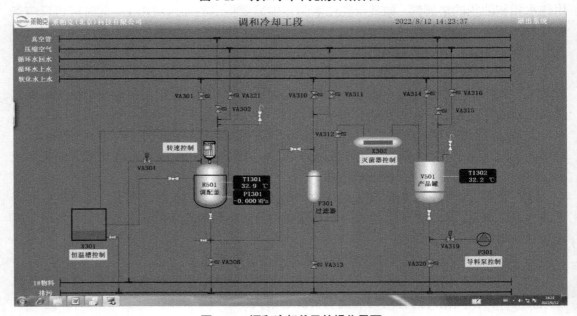

图 6-16 调和冷却单元的操作界面

④ 开启调配釜（R301）真空阀门 VA302（维持调配釜内真空度-0.02MPa，根据釜内泡沫情况进行调配釜真空、放空阀调节），打开乳化釜阀门 VA222、VA224 及 VA304，乳化釜料液通过 1#物料管从乳化釜流入调配釜内。

⑤ 打开调配釜搅拌混合，设定转速 50～100r/min 左右。

⑥ 通过调配釜加料口加入复配辅料如香精、增稠剂、pH 缓冲剂等，搅拌混合均匀。

⑦ 通过调配釜底部取样阀 VA307 取样，观察产品质量指标。产品合格后，打开恒温槽冷却循环并静置。

⑧ 开启调配釜真空阀门，维持釜内压力-0.02～0.03MPa，脱气（搅拌会导致大量的微小气泡产生，造成溶液的稳定性差，经脱气操作，可将液体中气泡排出）。

⑨ 观察釜内温度降至45℃以下时，关闭阀门VA302，打开阀门VA309、VA312，开启灭菌器X302，打开阀门VA321。物料经过滤器F301、灭菌器X302，导出至产品罐V301。也可开启产品罐真空阀门VA315（维持产品罐真空度-0.02MPa左右），调配釜料液经真空系统导料至产品罐。

⑩ 过滤器清洗：开启VA310前确认VA309、VA312关闭，然后开启VA313，如此反复几次进行过滤器清洗，也可打开过滤器将滤网取出清洗。

⑪ 产品罐视镜可观察产品性状，也可作为手孔进行罐体壁的清洁。罐体后端留有产品输送泵，可根据实际需求使用。

4. 设备清洗操作

① 先确认需要清洗的设备以及管路。

② 若管路内残留有物料、产品，请确认是否可以进行再次利用或者回收。

③ 确认不能回收的物料是否含有不符合排放标准的磷、有机物、酸、碱等成分，若有需要通过排污回收集中收集处理。若符合排放标准，则可直接进行冲洗排放。

④ 冲洗排放操作：打开需要冲洗的设备进水阀门（此部分可作为对设备的探索操作），按照设备选择进行搅拌洗涤和循环冲洗，当观察到所需清洗设备内部不再有物料残留，且排出污水干净无杂质，则表明清洗干净。

⑤ 设备放净操作：当设备清洗完毕后，检查设备底阀以及排污阀是否全部打开，防止设备存在积水，长期不用导致设备发生锈蚀、生菌等异常现象。

5. 阀门检查参照及记录表

装置操作前应参照工艺流程图6-3，对照阀门状态确认表确认相应阀门的开闭状态，并在确认表中填写：符合"√"；不符合"×"。

阀门确认表见表6-3、表6-4、表6-5。

表6-3 公共单元阀门状态确认表

位号	VA101	VA102	VA103	VA104	VA105	VA106	VA107	VA108	VA109	VA110
状态										
位号	VA111	VA112	VA113	VA114	VA115	VA116	VA117			
状态										

表6-4 配料乳化单元阀门状态确认表

位号	VA201	VA202	VA203	VA204	VA205	VA206	VA207	VA208	VA209	VA210
状态										
位号	VA211	VA212	VA213	VA214	VA215	VA216	VA217	VA218	VA219	VA220
状态										
位号	VA221	VA222	VA223	VA224	VA225	VA226				
状态										

表 6-5　调和冷却单元阀门状态确认表

位号	VA301	VA302	VA303	VA304	VA305	VA306	VA307	VA308	VA309	VA310	VA311
状态											
位号	VA312	VA313	VA314	VA315	VA316	VA317	VA318	VA319	VA320	VA321	VA322
状态											
位号	VA323										
状态											

第七章

虚拟仿真实验

实验十七 精馏单元仿真

一、实验目的

① 了解工业生产中精馏塔的控制原理和方法、精馏塔可能的故障原因及排查方法。
② 掌握精馏塔开车过程及调节方法,理解精馏塔操作条件变化的影响。
③ 掌握精馏塔的停车操作方法。

二、实验原理

1. 工艺原理

精馏是将液体混合物部分汽化,利用其中各组分相对挥发度的不同,通过液相和汽相间的质量传递来实现对混合物的分离。原料液进料热状态有五种:低于泡点进料、泡点进料、汽液混合进料、露点进料及过热蒸汽进料。

精馏段:原料液进料板以上称精馏段。上升蒸汽与回流液之间传质、传热,逐步增浓汽相中的易挥发组分。塔的上部完成了上升蒸汽的精制。

提馏段:加料板以下称提馏段。下降液体与上升蒸汽传质、传热,下降的液流中难挥发的组分不断增加。塔下部完成了下降液流中难挥发组分的提浓。

塔板的功能:提供汽、液直接接触的场所。汽、液在塔板上直接接触,实现了汽液间的传质和传热。

降液管及板间距的作用:降液管为液体下降的通道,板间距可分离汽、液混合物。

2. 工艺流程

本单元采用加压精馏,在脱丁烷塔中将丁烷从脱丙烷塔釜混合物中分离出来。原料液为脱丙烷塔塔釜的混合液(C_3、C_4、C_5、C_6、C_7),分离后馏出液为高纯度的 C_4 产品,残液主要是 C_5 以上组分。67.8℃的原料液在 FIC101 的控制下由精馏塔塔中进料,塔顶蒸汽经换热器 E101 几乎全部冷凝为液体进入回流罐 V101,回流罐的液体由泵 P101A/B 抽出,一部分作为回流,另一部分作为塔顶液相采出。塔底釜液一部分在 FIC104 的调节下作为塔釜采出流出，另一部分经过再沸器 E102 加热回到精馏塔，再沸器的加热量由 TIC101 调节蒸汽的进入量来控制。精馏塔单元操作 DCS 图如图 7-1 所示。

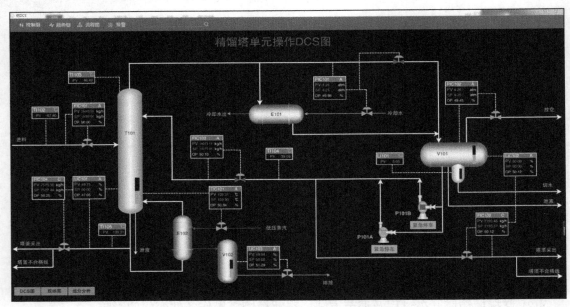

图 7-1　精馏塔单元操作 DCS 图

三、实验仪器

仿真软件中精馏单元涉及的虚拟设备、现场阀门、仪表、平衡数据见表 7-1～表 7-4。

表 7-1　设备一览表

序号	设备位号	设备名称
1	T101	精馏塔
2	V101	回流罐
3	E101	塔顶冷凝器
4	E102	再沸器
5	P101A/B	回流泵
6	V102	蒸汽缓冲罐

表 7-2　现场阀门一览表

序号	阀门位号	阀门名称	序号	阀门位号	阀门名称
1	FV101I	进料调节阀 FV101 前阀	6	FV102B	塔顶采出调节阀 FV102 旁路阀
2	FV101O	进料调节阀 FV101 后阀	7	FV103I	回流量调节阀 FV103 前阀
3	FV101B	进料调节阀 FV101 旁路阀	8	FV103O	回流量调节阀 FV103 后阀
4	FV102I	塔顶采出调节阀 FV102 前阀	9	FV103B	回流量调节阀 FV103 旁路阀
5	FV102O	塔顶采出调节阀 FV102 后阀	10	FV104I	塔釜采出调节阀 FV104 前阀

续表

序号	阀门位号	阀门名称	序号	阀门位号	阀门名称
11	FV104O	塔釜采出调节阀 FV104 后阀	22	PV102O	回流罐压力调节阀 PV102 后阀
12	FV104B	塔釜采出调节阀 FV104 旁路阀	23	PV102B	回流罐压力调节阀 PV102 旁路阀
13	TV101I	塔中温度调节阀 TV101 前阀	24	V01P101A	回流泵 P101A 入口阀
14	TV101O	塔中温度调节阀 TV101 后阀	25	V02P101A	回流泵 P101A 出口阀
15	PV101AI	回流罐压力调节阀 PV101A 前阀	26	V01P101B	回流泵 P101B 入口阀
16	PV101AO	回流罐压力调节阀 PV101A 后阀	27	V02P101B	回流泵 P101B 出口阀
17	PV101AB	回流罐压力调节阀 PV101A 旁路阀	28	V01T101	塔釜排液阀
18	PV101BI	回流罐压力调节阀 PV101B 前阀	29	V02T101	塔釜采出阀
19	PV101BO	回流罐压力调节阀 PV101B 后阀	30	V01V101	回流罐切水阀
20	PV101BB	回流罐压力调节阀 PV101B 旁路阀	31	V02V101	回流罐排液阀
21	PV102I	回流罐压力调节阀 PV102 前阀	32	V03V101	塔顶采出阀

表 7-3 仪表一览表

序号	位号	名称	正常值	单位	正常工况
1	FIC101	进料流量控制	15000	kg/h	投自动
2	FIC102	塔顶采出流量控制	7178	kg/h	投串级
3	FIC103	回流量控制	14357	kg/h	投自动
4	FIC104	塔釜采出流量控制	7521	kg/h	投串级
5	TIC101	塔釜温度控制	109.3	℃	投自动
6	PIC101	回流罐压力控制	4.25	atm	投自动
7	PIC102	回流罐压力控制	4.25	atm	投自动
8	TI102	进料温度	67.8	℃	
9	TI103	塔顶温度	46.5	℃	
10	TI104	回流温度	39.1	℃	
11	TI105	塔釜温度	109.3	℃	

表 7-4 物流平衡数据表

物流	位号	正常数据	单位
进料	流量（FIC101）	15000	kg/h
	温度（TI102）	67.8	℃
塔釜产品	流量（FIC104）	7521	kg/h
	温度（TI105）	109.3	℃
塔顶产品	温度（TI104）	39.1	℃
	压力（PIC102）	4.25	atm
	液相流量（FIC102）	7178	kg/h
	气相流量	300	kg/h

四、实验步骤

1. 复杂控制说明

（1）分程控制

T101 塔顶压力由 PIC101 和 PIC102 共同控制。其中 PIC101 为分程控制阀，当压力过低时，PIC101 控制塔顶气流不经过塔顶冷凝器直接进入回流罐 V101，PIC101 另一阀门控制塔顶返回的冷凝水量；在高压情况下，PIC102 控制从回流罐采出的气体流量。PIC101 分程控制示意图如图 7-2 所示。

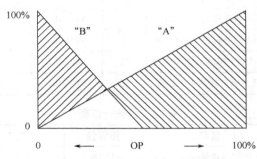

图 7-2　PIC101 分程控制示意图

（2）串级控制系统

T101 塔釜采出量控制采取串级控制方案，LIC101→FIC104→FV104，以 LIC101 为主回路，FIC104 为副回路构成串级控制系统。

T101 塔顶 C_4 去产品罐的流量与 V101 液位构成串级控制，LIC102→FIC102→FV102，以 LIC102 为主回路，FIC102 为副回路构成串级控制系统。

（3）P&ID 图

精馏塔的控制包括流量控制、压力控制、温度控制和液位控制。

流量控制：进料流量、回流量、塔顶产品采出量、塔釜产品采出量。

压力控制：塔顶压力（冷凝水流量、回流罐气相采出量共同控制）。

温度控制：塔釜温度。

液位控制：回流罐液位（与塔顶产品采出量串级控制）、塔釜液位（与塔釜产品采出量串级控制）。

DCS 系统：FIC 流量控制、PIC 压力控制、TIC 温度控制、LIC 液位控制。

调节窗口显示：SP 设定值、PV 检测值、OP/CP 控制信号输出/输入、CAS 串级（副控设为串级）、AUTO 自动、MAN 手动。

2. 冷态开车

（1）进料及排放不凝气

打开 PV101B 前截止阀 PV101BI→打开 PV101B 后截止阀 PV101BO→打开 PV102 前截止阀 PV102I→打开 PV102 后截止阀 PV102O→微开 PV102 排放塔内不凝气→打开 FV101 前截止阀 FV101I→打开 FV101 后截止阀 FV101O→向精馏塔进料：缓慢打开

FV101，维持进料量在 15000kg/h 左右→当压力升高至 0.5atm（表压）时，关闭 PV102→调节塔顶压力大于 1.0atm，不超过 4.25atm。

（2）启动再沸器

打开 PV101A 前截止阀 PV101AI→打开 PV101A 后截止阀 PV101AO→待塔顶压力升至 0.5atm（表压）后，逐渐打开 PV101A 至开度 50%→打开 TV101 前截止阀 TV101I→打开 TV101 后截止阀 TV101O→待塔釜液位 LIC101 升至 20%以上，稍开 TV101 调节阀，给再沸器缓慢加热→逐渐开大 TV101，使塔釜温度逐渐上升至 100℃。

（3）建立回流

当回流罐液位 LIC102 大于 20%，打开回流泵 P101A 入口阀 V01P101A→启动泵 P101A→打开泵出口阀 V02P101A→打开回流泵 P101B 入口阀 V01P101B→启动泵 P101B→打开泵出口阀 V02P101B→打开 FV103 前截止阀 FV103I→打开 FV103 后截止阀 FV103O→手动打开调节阀 FV103，使回流罐液位升至 40%以上，维持在 50%左右。

（4）调整至正常

待塔压升至 4atm 时，将 PIC102 设置为自动→设定 PIC102 为 4.25atm→待塔压稳定在 4.25atm 时，将 PIC101 设置为自动→设定 PIC101 为 4.25atm→待进料量稳定在 15000kg/h 后，将 FIC101 设置为自动→塔釜温度 TIC101 稳定在 109.3℃后，将 TIC101 设置为自动→打开调节阀 FV103，使 FIC103 流量接近 14357kg/h，稳定后，将其设置为自动→打开 FV104 前截止阀 FV104I→打开 FV104 后截止阀 FV104O→打开塔釜采出阀 V02T101→当塔釜液位无法维持时（大于 35%），逐渐打开 FV104，采出塔釜产品→塔釜液位 LIC101 维持在 50%左右→塔釜产品采出量稳定在 7521kg/h，将 FIC104 设置为自动→设定 FIC104 为 7521kg/h，FIC104 改为串级控制→将 LIC101 设置为自动，设定 LIC101 为 50%→打开 FV102 前截止阀 FV102I→打开 FV102 后截止阀 FV102O→打开塔顶采出阀 V03V101→当回流罐液位无法维持时，逐渐打开 FV102，采出塔顶产品→待产出稳定在 7178kg/h，将 FIC102 设置为自动→设定 FIC102 为 7178kg/h，将 LIC102 设置为自动→设定 LIC102 为 50%，将 FIC102 设置为串级。

3. 正常停车

（1）降负荷

手动逐步关小调节阀 FV101→进料降至正常进料量的 70%→保持塔压 PIC101 的稳定性→断开 LIC102 和 FIC102 的串级，手动开大 FV102→液位 LIC102 降至 20%→断开 LIC101 和 FIC104 的串级，手动开大 FV104→液位 LIC101 降至 30%。

（2）停进料和再沸器

停精馏塔进料，关闭调节阀 FV101→关闭 FV101 前截止阀 FV101I→关闭 FV101 后截止阀 FV101O→关闭调节阀 TV101→关闭 TV101 前截止阀 TV101I→关闭 TV101 后截止阀 TV101O→停止产品采出，手动关闭 FV104→关闭 FV104 前截止阀 FV104I→关闭 FV104 后截止阀 FV104O→关闭塔釜采出阀 V02T101→手动关闭 FV102→关闭 FV102 前截止阀 FV102I→关闭 FV102 后截止阀 FV102O→关闭塔顶采出阀 V03V101→打开塔釜排液阀 V01T101，排出不合格产品。

(3) 停回流

手动开大 FV103，将回流罐内液体全部打入精馏塔，以降低塔内温度→当回流罐液位降至 0，停回流，关闭调节阀 FV103→关闭 FV103 前截止阀 FV103I→关闭 FV103 后截止阀 FV103O→关闭泵出口阀 V02P101A→停泵 P101A→关闭泵入口阀 V01P101A。

(4) 降压、降温

塔内液体排完后，手动打开 PV102 进行降压→当塔压降至常压后，关闭 PV102→关闭 PV102 前截止阀 PV102I→关闭 PV102 后截止阀 PV102O→PIC101 投手动→关塔顶冷凝器冷凝水，手动关闭 PV101A→关闭 PV101A 前截止阀 PV101AI→关闭 PV101A 后截止阀 PV101AO→当塔釜液位降至 0 后，关闭塔釜排液阀 V01T101。

4. 事故处置

(1) 停电

现象：回流泵 P101A 停止，回流中断。

处理：将 PIC102 设置为手动→打开回流罐压力调节阀 PV102→将 PIC101 设置为手动→PV101 开度调节至 50%→将 FIC101 设置为手动→关闭 FIC101，停止进料→关闭 FV101 前截止阀 FV101I→关闭 FV101 后截止阀 FV101O→将 TIC101 设置为手动→关闭 TIC101，停止加热蒸汽→关闭 TV101 前截止阀 TV101I→关闭 TV101 后截止阀 TV101O→关闭 FV103 前截止阀 FV103I→关闭 FV103 后截止阀 FV103O→将 FIC103 设置为手动→将 FIC104 设置为手动→关闭 FIC104，停止产品采出→关闭 FV104 前截止阀 FV104I→关闭 FV104 后截止阀 FV104O→关闭塔釜采出阀 V02T101→将 FIC102 设置为手动→关闭 FIC102，停止产品采出→关闭 FV102 前截止阀 FV102I→关闭 FV102 后截止阀 FV102O→关闭塔顶采出阀 V03V101→打开塔釜排液阀 V01T101→打开回流罐排液阀 V02V101 排不合格产品→当回流罐液位为 0 时，关闭 V02V101→关闭回流泵 P101A 出口阀 V02P101A→关闭回流泵 P101A 入口阀 V01P101A→当塔釜液位为 0 时，关闭 V01T101→当塔顶压力降至常压，关闭冷凝器→关闭 PV101A 前截止阀 PV101AI→关闭 PV101A 后截止阀 PV101AO。

(2) 冷凝水中断

现象：塔顶温度上升，塔顶压力升高。

处理：将 PIC102 设置为手动→打开回流罐压力调节阀 PV102→将 FIC101 设置为手动→关闭 FIC101，停止进料→关闭 FV101 前截止阀 FV101I→关闭 FV101 后截止阀 FV101O→将 TIC101 设置为手动→关闭 TIC101，停止加热蒸汽→关闭 TV101 前截止阀 TV101I→关闭 TV101 后截止阀 TV101O→将 FIC104 设置为手动→关闭 FIC104，停止产品采出→关闭 FV104 前截止阀 FV104I→关闭 FV104 后截止阀 FV104O→将 FIC102 设置为手动→关闭 FIC102，停止产品采出→关闭 FV102 前截止阀 FV102I→关闭 FV102 后截止阀 FV102O→打开塔釜排液阀 V01T101→打开回流罐排液阀 V02V101 排不合格产品→当回流罐液位为 0 时，关闭 V02V101→关闭回流泵 P101A 出口阀 V02P101A→停泵 P101A→关闭回流泵 P101A 入口阀 V01P101A→当塔釜液位为 0 时，关闭 V01T101→当塔顶压力降至常压，关闭冷凝器→关闭 PV101A 前截止阀 PV101AI→关闭 PV101A 后截止阀 PV101AO。

(3) 回流量调节阀 FV103 阀卡

现象：回流量减小，塔顶温度上升，压力增大。

处理：将 FIC103 设为手动模式→关闭 FV103 前截止阀 FV103I→关闭 FV103 后截止阀 FV103O→打开旁路阀 FV103B，保持回流→维持塔内各指标恒定。

(4) 回流泵 P101A 故障

现象：P101A 断电，回流中断，塔顶压力、温度上升。

处理：开备用泵入口阀 V01P101B→启动备用泵 P101B→开备用泵出口阀 V02P101B→关 P101A 泵出口阀 V02P101A→关 P101A 泵入口阀 V01P101A→维持塔内各指标恒定。

(5) 停蒸汽

现象：加热蒸汽的流量减小至 0，塔釜温度持续下降。

处理：将 PIC102 设置为手动→将 FIC101 设置为手动→关闭 FIC101，停止进料→关闭 FV101 前截止阀 FV101I→关闭 FV101 后截止阀 FV101O→将 TIC101 设置为手动→关闭 TIC101，停止加热蒸汽→关闭 TV101 前截止阀 TV101I→关闭 TV101 后截止阀 TV101O→将 FIC104 设置为手动→关闭 FIC104，停止产品采出→关闭 FV104 前截止阀 FV104I→关闭 FV104 后截止阀 FV104O→关闭塔釜采出阀 V02T101→将 FIC102 设置为手动→关闭 FIC102，停止产品采出→关闭 FV102 前截止阀 FV102I→关闭 FV102 后截止阀 FV102O→打开塔釜排液阀 V01T101→打开回流罐排液阀 V02V101 排不合格产品→当回流罐液位为 0 时，关闭 V02V101→关闭回流泵 P101A 出口阀 V02P101A→停泵 P101A→关闭回流泵 P101A 入口阀 V01P101A→当塔釜液位为 0 时，关闭 V01T101→当塔顶压力降至常压，关闭冷凝器→关闭 PV101A 前截止阀 PV101AI→关闭 PV101A 后截止阀 PV101AO。

(6) 加热蒸汽压力过高

现象：加热蒸汽的流量增大，塔釜温度持续上升。

处理：TIC101 改为手动状态，适当减小 TIC101 的阀门开度→待温度稳定后，将 TIC101 改为自动调节，将 TIC101 设定为 109.3℃。

(7) 加热蒸汽压力过低

现象：加热蒸汽的流量减小，塔釜温度持续下降。

处理：先将 TIC101 改为手动→适当增大 TIC101 的开度→待温度稳定后，将 TIC101 改为自动调节，将 TIC101 设定为 109.3℃。

(8) 塔釜出料调节阀卡

现象：塔釜出料流量变小，回流罐液位升高。

处理：将 FIC104 设为手动模式→关闭 FV104 前截止阀 FV104I→关闭 FV104 后截止阀 FV104O→打开 FV104 旁路阀 FV104B，维持塔釜液位。

(9) 仪表风停

现象：所有控制仪表不能正常工作。

处理：打开 PV102 的旁路阀 PV102B→打开 PV101A 的旁路阀 PV101AB→打开 FV101 的旁路阀 FV101B→打开 TV101 的旁路阀 TV101B→打开 FV104 的旁路阀 FV104B→打开 FV103 的旁路阀 FV103B→打开 FV102 的旁路阀 FV102B→关闭 PV101A 的前截止阀 PV101AI→关闭 PV101A 的后截止阀 PV101AO→关闭 PV102 的前截止阀 PV102I→关闭

PV102 的后截止阀 PV102O→调节旁路阀使 PIC102 为 4.25atm→调节旁路阀使回流罐液位 LIC102 为 50%→调节旁路阀使精馏塔液位 LIC101 为 50%→调节旁路阀使精馏塔塔釜温度 TIC101 为 109.3℃→调节旁路阀使精馏塔进料 FIC101 为 15000kg/h→调节旁路阀使精馏塔回流量 FIC103 为 14357kg/h。

（10）进料压力突然增大

现象：进料流量增大。

处理：将 FIC101 投手动→调节 FV101，使原料液进料达到正常值→原料液进料流量稳定在 15000kg/h 后，将 FIC101 投自动→将 FIC101 设定为 15000kg/h。

（11）回流罐液位超高

现象：回流罐液位超高。

处理：将 FIC102 设为手动模式→开大阀 FV102→打开泵 P101B 入口阀 V01P101B→启动泵 P101B→打开泵 P101B 出口阀 V02P101B→将 FIC103 设为手动模式→及时调整阀 FV103，使 FIC103 流量稳定在 14357kg/h 左右→当回流罐液位接近正常液位时，关闭泵 P101B 出口阀 V02P101B→关闭泵 P101B→关闭泵 P101B 入口阀 V01P101B→及时调整阀 FV102，使回流罐液位 LIC102 稳定在 50%→LIC102 稳定在 50%后，将 FIC102 设为串级→FIC103 稳定在 14357kg/h 后，将 FIC103 设为自动→将 FIC103 的设定值设为 14357kg/h。

（12）原料液进料调节阀卡

现象：进料流量逐渐减小。

处理：将 FIC101 设为手动模式→关闭 FV101 前截止阀 FV101I→关闭 FV101 后截止阀 FV101O→打开 FV101 旁路阀 FV101B，维持塔釜液位。

五、实验注意事项

① 某些参数设置不合适，会造成成绩不断下降。
② 成绩过低，可以关掉仿真，从头开始。

六、实验数据记录与处理

① 冷态开车和正常运行

开车调至正常运行时，记录此时的精馏塔相关参数，见表 7-5，并记录开车仿真系统成绩。

仿真成绩记录：冷态开车（   ），正常运行（   ）。

表 7-5 正常操作时参数记录表

物流流量/（kg/h）		温度/℃		压力/atm	
回流量		进料温度		塔顶压力	
进料量		塔顶温度			
塔釜采出量		回流温度		回流罐压力	
塔顶采出量		塔釜温度			
		塔中温度			
备注					

② 正常停车
按操作规程进行停车仿真，记录仿真成绩。
仿真成绩记录：停车（　　　）。
③ 故障分析与排查
该部分内容由指导教师随机设置，根据实际情况操作并做好记录，见表 7-6。
仿真成绩记录：故障分析成绩（　　　）。

表 7-6　故障分析与排查情况记录

故障现象	
故障原因	
可用排查方法	

④ 仿真结束
完善仿真报告，关闭电脑，整理卫生，提交报告后离开。

七、思考与分析

① 如果塔顶压力过高，调节措施有哪些？填写在表 7-7 中。

表 7-7　降低塔顶压力的措施

调压措施	
措施一	
措施二	
措施三	
措施四	

② 如何提高脱丁烷塔塔顶产品的纯度？

实验十八　甲醇合成半实物仿真

一、实验目的

① 通过对半实物仿真的学习和操作，熟悉甲醇合成、精制的详细工艺。根据带控制点的工艺流程，明确工艺中设备、阀门、管道及仪表的位置和功能，深入了解 DCS 控制操作。

② 通过操作设备，了解相关设备和仪表原理，提高动手能力和分析、解决问题的能力，对化工厂全自动化运行原理和操作有更深入的了解。

二、实验原理

1. 工作原理

采用一氧化碳加压催化氢化法合成甲醇,在合成塔内主要发生的反应是:

$$CO + 2H_2 \longrightarrow CH_3OH + 90kJ/mol$$

主要副反应:
$$2CO + 4H_2 \longrightarrow (CH_3)_2O + H_2O$$
$$CO + 3H_2 \longrightarrow CH_4 + H_2O$$
$$4CO + 8H_2 \longrightarrow C_4H_9OH + 3H_2O$$
$$CO_2 + H_2 \longrightarrow CO + H_2O$$

精制工段采用三塔精馏工艺,包括预塔、加压塔、常压塔。预塔的主要目的是除去粗甲醇中溶解的气体(如 CO_2、CO、H_2 等)及低沸点组分(如二甲醚、甲酸甲酯),加压塔及常压塔的目的是除去水及高沸点杂质(如异丁基油),同时获得高纯度的优质甲醇产品。

三塔精馏工艺流程的主要优点是热能的合理利用。采用双效精馏方法,将加压塔塔顶气相的冷凝潜热用作常压塔塔釜再沸器热源。废热回收:其一是将天然气蒸汽转化工段的转化气作为加压塔再沸器的热源;其二是加压塔辅助再沸器、预塔再沸器冷凝水用来预热进料粗甲醇;其三是加压塔塔釜出料与加压塔进料充分换热。

2. 工艺流程说明

甲醇合成装置仿真系统的设备包括循环气压缩机(C401)、甲醇分离器(V402)、进出料换热器(E401)、甲醇水冷器(E402)、甲醇合成塔(R401)以及汽包(V401)等。

甲醇合成是强放热反应,进入催化剂床层的合成原料气需先加热到反应温度(>230℃)才能反应,而低压甲醇合成催化剂(铜基催化剂)又易过热失活(>280℃),因此必须将甲醇合成反应热及时移走。本反应系统将原料气加热和反应过程中移热结合,反应器和换热器结合,连续移热,同时达到缩小设备体积和减小催化剂床层温差的作用。低压合成甲醇的理想合成压力为 4.8~5.5MPa。在本仿真中,压力低于 3.5MPa 或温度低于 210℃时,反应即停止。

循环气压缩机提供连续运转的动力,并同时往循环系统中补充 H_2 和混合气($CO+H_2$),使合成反应能够连续进行。反应放出的大量热通过汽包 V401 移走,合成塔入口气在进出料换热器 E401 中被合成塔出口气预热至 224.5℃后进入合成塔 R401。合成塔出口气由 255℃依次经进出料换热器 E401、甲醇水冷器 E402 换热至 40℃,与补加的 H_2 混合后进入甲醇分离器 V402。分离出的粗甲醇送往精馏系统进行精制,一小部分气相送往火炬排放,大部分气相作为循环气被送往循环气压缩机 C401。被压缩的循环气与补加的混合气混合后经 E401 进入合成塔 R401。

合成甲醇流程控制的重点是合成塔的温度、系统压力以及合成原料气在合成塔入口处各组分的含量。合成塔的温度主要通过汽包来调节。如果合成塔的温度较高并且升温速度较快,这时应将汽包蒸汽出口开大,增加蒸汽采出量,同时降低汽包压力,使合成塔温度降低或温升速度变小。如果合成塔的温度较低并且升温速度较慢,这时应将汽包蒸汽出口关小,减少蒸汽采出量,慢慢升高汽包压力,使合成塔温度升高或温降速度变小。如果合成塔温度仍然偏低或温降速度较大,可通过开启开工蒸汽来调节。系统压力主要靠混合气入口量 FIC4001、H_2 入口量 FIC4002、放空量以及甲醇在分离器中的冷凝量来控制。在原料气进入合成塔前有一安全阀,当系统压力高于 5.7MPa 时,安全阀会自动打开。当系统压力降回 5.7MPa 以下时,安全阀自动关闭,从而保证系统压力不至过高。冷态开车时,由于循环气的组成没有达到稳态时的循环气组成,需要慢慢调节。

从甲醇合成工段来的粗甲醇进入粗甲醇预热器(E501)与预塔再沸器(E502),和边界来的蒸汽进行换热后进入预塔(T501)。经 T501 分离后,塔顶气相为二甲醚、甲酸甲酯、二氧化碳、甲醇等蒸气。经二级冷凝后,不凝气通过火炬排放,冷凝液中补充脱盐水返回 T501 作为回流液。塔釜为甲醇水溶液,经 P503 增压后用加压塔(T502)塔釜出料液在 E505 中进行预热,然后进入 T502。

经 T502 分离后,塔顶气相为甲醇蒸气,与常压塔(T503)塔釜液换热后部分返回 T103 回流,部分采出作为精甲醇产品,送中间罐区产品罐,塔釜出料液在 E505 中与进料换热后作为 T503 塔的进料。

在 T503 中甲醇与轻重组分以及水得以彻底分离,塔顶气相为含微量不凝气的甲醇蒸气,经冷凝后,不凝气通过火炬排放,冷凝液部分返回 T503 回流。部分采出作为精甲醇产品,送中间罐区产品罐,塔下部侧线采出杂醇油去回收。塔釜出料液为含微量甲醇的水,送污水处理厂处理。

三、实验仪器

主要为甲醇合成半实物仿真装置。具体包含的设备、阀门、仪表见表 7-8~表 7-10。

表 7-8 设备一览表

序号	设备位号	设备名称	序号	设备位号	设备名称
1	C401	循环气压缩机	13	P503	加压塔进料泵
2	E401	进出料换热器	14	T502	加压精馏塔(加压塔)
3	E402	甲醇水冷器	15	V505	加压塔回流槽
4	R401	甲醇合成塔	16	E505	加压塔进料预热器
5	V401	汽包	17	E506	加压塔再沸器
6	V402	甲醇分离器	18	E508	常压塔再沸器
7	T501	预精馏塔(预塔)	19	E513	加压塔冷凝器
8	V503	预塔回流槽	20	P504	加压塔回流泵
9	E501	粗甲醇预热器	21	T503	常压精馏塔(常压塔)
10	E502	预塔再沸器	22	V506	常压塔回流槽
11	E503	预塔冷凝器	23	E509	常压塔冷凝器
12	P502	预塔回流泵	24	P505	常压塔回流泵

表 7-9 阀门一览表

序号	设备位号	设备名称	序号	设备位号	设备名称
1	VA4001	混合气进料控制阀旁路阀	21	VA5010	加压塔出料控制阀旁路阀
2	VA4002	分离器出料控制阀旁路阀	22	VA5011	加压塔二冷冷却水进口阀
3	VA4003	开工蒸汽进料阀	23	VA5012	加压塔排污阀
4	VA4004	低压氮气进料阀	24	VA5013	常压塔冷凝器冷却水进口阀
5	VA4005	甲醇水冷器冷却水入口阀	25	VD5001	粗甲醇预热器蒸汽进料控制阀前阀
6	VA4006	甲醇合成塔排污阀	26	VD5002	粗甲醇预热器蒸汽进料控制阀后阀
7	VA4007	汽包排污阀	27	VD5003	加压塔进料泵前阀
8	VA4008	汽包放空阀	28	VD5004	加压塔进料泵后阀
9	VD4001	混合气进料控制阀前阀	29	VD5005	预塔回流泵后阀
10	VD4002	混合气进料控制阀后阀	30	VD5006	预塔回流泵前阀
11	VD4003	分离器出料控制阀后阀	31	VD5007	加压塔进料控制阀前阀
12	VD4004	分离器出料控制阀前阀	32	VD5008	加压塔进料控制阀后阀
13	VD4005	循环气压缩机出口阀	33	VD5009	加压塔回流泵后阀
14	VA5002	粗甲醇预热器蒸汽进料控制阀旁路阀	34	VD5010	加压塔回流泵前阀
15	VA5004	脱盐水阀	35	VD5011	加压塔出料控制阀后阀
16	VA5005	预塔一冷冷却水进口阀	36	VD5012	加压塔出料控制阀前阀
17	VA5006	预塔二冷冷却水进口阀	37	VD5013	常压塔回流泵后阀
18	VA5007	预塔回流槽排污阀	38	VD5014	常压塔回流泵前阀
19	VA5008	加压塔进料控制阀旁路阀	39	VD5015	加压塔氮气充压阀
20	VA5009	预塔排污阀	40	VD5017	常压塔氮气吹扫阀

表 7-10 仪表一览表

序号	位号	单位	正常值	控制范围	描述
1	FIC4001	kg/h	84914	84000~88000	H_2、CO 进料控制
2	FIC4002	kg/h	5880	5680~6080	H_2 进料控制
3	FIC4003	kg/h	60000	59500~60500	循环气压缩机出口流量控制
4	PIC4004	MPa	4.9	4.8~5.0	甲醇分离器压力控制
5	PIC4005	MPa	4.3	4.2~4.4	汽包压力控制
6	LIC4001	%	50	40~60	甲醇分离器液位控制

续表

序号	位号	单位	正常值	控制范围	描述
7	LIC4002	%	50	40~60	汽包液位控制
8	FIC5002	kg/h	83169	80000~86338	预塔塔釜出料量控制
9	FIC5003	kg/h	39567	33000~46134	预塔回流量控制
10	TIC5001	℃	72	65~79	预塔的进料温度控制
11	TIC5004	℃	77.4	70~84.8	预塔的塔釜温度控制
12	PIC5003	MPa	0.03	0.01~0.05	预塔塔顶压力控制
13	LIC5001	%	50	40~60	预塔塔釜的液位控制
14	LIC5002	%	50	40~60	预塔回流槽的液位控制
15	FIC5006	kg/h	51431	48000~56862	加压塔回流量控制
16	FIC5004	kg/h	51821	48000~57642	加压塔塔釜出料量控制
17	PIC5007	MPa	0.65	0.5~0.8	加压塔回流槽压力控制
18	LIC5004	%	50	40~60	加压塔回流槽液位控制
19	LIC5003	%	50	40~60	加压塔塔釜液位控制
20	TIC5012	℃	134.8	120~149.6	加压塔再沸器温度控制
21	FIC5008	kg/h	9129	8800~9658	常压塔回流量控制
22	FIC5009	kg/h	7160	6800~7720	常压塔侧线采出控制
23	LIC5006	%	50	40~60	常压塔回流槽液位控制
24	LIC5005	%	50	40~60	常压塔塔釜液位控制
25	PIC5012	MPa	0.01	0.005~0.015	常压塔回流槽压力控制
26	TI4001	℃	224.2	210~238.4	冷物料经中间换热器后的温度
27	TI4002	℃	250	240~260	甲醇合成塔的开工蒸汽温度
28	TI4004	℃	39.4	38~40.8	进甲醇分离器前的温度
29	TI4005	℃	250	240~260	汽包的温度
30	TI4006	℃	254.5	240~270	甲醇合成塔的温度
31	TI4009	℃	254.5	240~270	反应气出甲醇合成塔后的温度
32	FI4007	kg/h	144914	140000~149828	进中间换热器前的物料流量
33	FI4004	kg/h	50000	45000~55000	汽包产生中压蒸汽的流量
34	PI4001	MPa	5.2	4.6~5.8	进合成塔前的混合气压力
35	PI4002	MPa	4.9	4.7~5.1	进压缩机前的压力
36	PI4003	MPa	5.05	4.9~5.2	反应气出甲醇合成塔后的压力

续表

序号	位号	单位	正常值	控制范围	描述
37	PI4006	MPa	5.5	5.3~5.7	出压缩机后的压力
38	TI5002	℃	73.9	70~77.8	预塔塔顶温度
39	TI5005	℃	70	65~75	加压塔塔顶回流液进回流槽温度
40	TI5006	℃	68.2	65~71.4	预塔回流液温度控制
41	FI5001	kg/h	86469	82000~90938	去精馏的粗甲醇流量
42	PI5010	MPa	0.5	0.3~0.7	预塔回流泵后压力
43	TI5007	℃	117.2	115~119.4	加压塔进料温度
44	TI5008	℃	128.1	120~136.2	加压塔塔顶温度
45	TI5013	℃	125	120~130	加压塔回流液温度
46	PI5005	MPa	0.7	0.65~0.75	加压塔塔顶压力
47	PI5011	MPa	1.2	1~1.4	经加压塔回流泵后的回流液压力
48	TI5014	℃	66.6	62~71.2	常压塔塔顶温度
49	TI5018	℃	50	45~55	常压塔回流液温度
50	TI5017	℃	107	100~114	常压塔塔釜温度
51	TI5019	℃	51	48~54	常压塔塔顶回流液进回流槽温度
52	TI5020	℃	125	120~130	加压塔塔顶经过冷凝后温度
53	FI5007	kg/h	41900	40000~43800	常压塔精甲醇出料量控制
54	PI5008	MPa	0.01	0.005~0.015	常压塔塔顶压力
55	PI5009	MPa	0.03	0.02~0.04	常压塔塔釜压力
56	AI4001	%	4	1~7	出甲醇分离器物料 CO_2 体积分数
57	AI4001	%	14	10~18	出甲醇分离器物料 CO 体积分数
58	AI4002	%	77	70~84	出甲醇分离器物料 H_2 体积分数
59	AI4002	%	3	0~6	出甲醇分离器物料 N_2 体积分数

四、实验步骤

1. 复杂控制说明

（1）简单控制

FIC4001、FIC4002、FIC4003、FIC5002、FIC5003、FIC5006、FIC5004、FIC5008、FIC5009 是简单的流量调节控制。

PIC4004、PIC4005、PIC5003、PIC5007、PIC5012 是简单的压力控制，TIC5001、

TIC5004、TIC5012 是简单的温度控制。

LIC4001、LIC4002、LIC5001、LIC5002、LIC5004、LIC5003、LIC5006、LIC5005 是简单的液位控制。

（2）串级控制

结构上，串级回路调节系统有两个闭合回路。主、副调节器串联，主调节器的输出为副调节器的给定值，系统通过副调节器的输出操纵调节阀动作，实现对主参数的定值调节。所以在串级回路调节系统中，主回路是定值调节系统，副回路是随动系统。

具体实例：预塔 T501 的塔釜液位控制 LIC5001 和塔釜出料 FIC5002 构成一串级回路。液位调节器的输出值同时是流量调节器的给定值，即流量调节器 FIC5002 的 SP 值由液位调节器 LIC5001 的输出 OP 值控制，LIC5001 OP 值的变化使 FIC5002 的 SP 值产生相应的变化。

2. 开车准备

（1）开工具备的条件

与开工有关的修建项目全部完成并验收合格。设备、仪表及流程符合要求。水、电、汽、风及化验能满足装置要求。安全设施完善，排污管道具备投用条件，操作环境及设备要清洁、整齐、卫生。

（2）开工前的准备

仪表空气、中压蒸汽、锅炉给水、冷却水及脱盐水均已引入界区内备用。盛装开工废甲醇的废油桶已准备好。仪表校正完毕。催化剂还原彻底。粗甲醇储槽皆处于备用状态，全系统在催化剂升温还原过程中出现的问题都已解决。净化运行正常，新鲜气质量符合要求，总负荷≥30%。压缩机运行正常，循环油系统运行正常，新鲜气随时可导入系统。本系统所有仪表再次校验，调试运行正常。总控、现场照明良好，操作工具、安全工具、交接班记录、生产报表、操作规程、工艺指标齐全，防毒面具、消防器材按规定配好。计算机运行良好，各参数已调试完毕。

装置冷态开工状态为所有装置处于常温、常压下，各调节阀处于手动关闭状态，各手操阀处于关闭状态，可以直接进冷物流。

3. 冷态开车

（1）合成工段开车

① N_2 置换：现场开启低压 N_2 进料阀 VA4004，向系统充 N_2。微开控制阀 PIC4004（10%）。在吹扫时，系统压力 PI4001 维持在 0.5MPa 附近，但不要高于 0.55MPa。当系统压力 PIC4004 和 PI4001、PI4003 接近 0.5MPa 时，关闭 VA4004 和 PIC4004，进行保压。保压一段时间，如果系统压力 PI4001 不降低，说明系统气密性较好，可以继续进行生产操作。（仿真中为了节省操作时间，保压 30s 以上即可。）

② 建立循环：开 VA4005，投用换热器 E402，使 TI4004 不超过 60℃。开启压缩机系统，本仿真省略其操作。全开 FIC4003，防止压缩机喘振，在压缩机出口压力 PI4006 大于系统压力 PI4002 且压缩机运转正常后关闭。开启压缩机 C401。待压缩机出口压力 PI4006 大于系统压力 PI4002 后，开启压缩机 C401 出口阀 VD4005，打通循环回路。

③ 建立汽包液位：微开汽包 V401 的放空阀 VA4008。开启汽包 V401 锅炉水控制阀 LV4002，将锅炉水引进汽包。当汽包液位接近 50%时，LIC4002 投自动，如果液位难以控制，可手动调节。当汽包压力 PIC4005 超过 5.0MPa 时，放空阀 VA4008 会自动打开，从而保证汽包的压力不会过高，进而保证合成塔的温度不至于过高。

④ H_2 置换充压：全开 H_2 控制阀 FIC4002，微开控制阀 PIC4004，进行 H_2 置换，使 H_2 的体积含量在 1%左右。充压至 PI4001 和 PI4003 为 2.0MPa，但不要超过 3.5MPa。注意调节进气和出气的速度，使 H_2 的体积含量降至 1%以下，而系统压力 PI4001 升至 2.0MPa 左右。此时关闭 H_2 控制阀 FIC4002 和压力控制阀 PIC4004。

⑤ 投原料气：依次开启混合气进料控制阀前阀 VD4001、控制阀 FIC4001、后阀 VD4002。开启 H_2 控制阀 FIC4002。按照 H_2 和 CO 的体积比约为 7∶3 的比例，将系统压力缓慢升至 5.0MPa 左右（不要高于 5.5MPa），将 PIC4004 投自动，设为 4.9MPa。此时关闭 H_2 控制阀 FIC4002 和混合气控制阀 FIC4001，进行甲醇合成塔升温。

⑥ 甲醇合成塔升温：开启甲醇合成塔开工蒸汽进料阀 VA4003，注意调节 VA4003 的开度，使合成塔温度 TI4006 缓慢升至 230℃。

当 TI4005 接近 200℃，开启汽包蒸汽出口压力控制阀 PV4005，并将 PIC4005 投自动，设为 4.3MPa，如果压力变化过快，可手动调节。

⑦ 调至正常

调至正常过程较长，并且不易控制，需要慢慢调节。

反应开始后，缓慢开启 FIC4001 和 FIC4002，向系统补加原料气。注意调节 FIC4001 和 FIC4002，使入口原料气中 H_2 与 CO 的体积比为 7.8∶1，随着反应的进行，逐步投料至正常（FIC4001 约为 84.914t/h，FIC4002 约为 5.88t/h）。

缓慢关闭开工蒸汽进料阀 VA4003。

有甲醇产出后，依次开启分离器出料控制阀前阀 VD4004，控制阀 LIC4001，后阀 VD4003，并将 LIC4001 投自动，设为 50%，若液位变化较快，可手动控制。如果系统压力变化较快，可通过减小原料气进气量并开大 PI4001 来调节。

（2）精制工段开车

开车前准备

① 打开预塔一级冷凝器和二级冷凝器的冷却水阀 VA5005 和 VA5006。

② 打开加压塔冷凝器 E513 的冷却水阀门 VA5011。

③ 打开常压塔冷凝器 E509 的冷却水阀门 VA5013。

④ 打开加压塔氮气充压阀 VD5015，充压至 0.65MPa，关闭氮气充压阀。

预塔、加压塔和常压塔开车

① 开粗甲醇预热器 E501 的进口阀门 LV4001，向预塔 T501 进料。

② 预塔 T501 塔底液位超过 60%后，打开泵 P503 的入口阀 VD5003，启动泵 P503，再打开泵出口阀 VD5004。

③ 打开加压塔进料控制阀前阀 VD5007，控制阀 FV5002，后阀 VD5008，向加压塔 T502 进料。

④ 当加压塔 T502 塔底液位超过 50%后，打开塔釜出料前阀 VD5012，控制阀 FV5004，

后阀 VD5011，向常压塔 T503 进料。

⑤ 待常压塔 T503 塔底液位超过 50%后，打开塔釜出料阀 LV5005 以及侧线采出阀 FV5009。

⑥ 打开粗甲醇预热器 E501 的蒸汽进料控制阀前阀 VD5001，控制阀 TIC5001，后阀 VD5002，对粗甲醇进料进行预热。

⑦ 调节预塔再沸器 E502 的蒸汽进口控制阀 TIC5004 的开度，给预塔塔釜液加热。

⑧ 待预塔塔顶压力大于 0.02MPa 时，调节预塔塔顶不凝气排气控制阀 PV5003，使塔顶压力维持在 0.03MPa 左右。

⑨ 调节加压塔再沸器 E506 的蒸汽进口控制阀 TIC5012 的开度，给加压塔塔釜液加热。

⑩ 调节加压塔塔顶不凝气排气阀 PV5007 的开度，使加压塔回流槽压力维持在 0.65MPa。

⑪ 调节常压塔塔顶不凝气排气阀 PV5012 的开度，使常压塔回流槽压力维持在 0.01MPa。

⑫ 当预塔回流槽有液体产生时，打开脱盐水阀 VA5004，向冷凝液中补充脱盐水，开预塔回流泵 P502 入口阀 VD5006，启动泵，开泵出口阀 VD5005。通过调节 FV5003 的开度控制回流量，维持预塔回流槽 V503 液位在 40%以上。

⑬ 当加压塔回流槽有液体产生时，开加压塔回流泵 P504 入口阀 VD5010，启动泵，开泵出口阀 VD5009。调节 FV5006 的开度控制回流量，维持加压塔回流槽 V505 液位在 40%以上。

⑭ 加压塔回流槽 V505 液位无法维持时，逐渐打开 LV5004，采出精甲醇产品。

⑮ 当常压塔回流槽有液体产生时，开压塔回流泵 P505 入口阀 VD5014，启动泵，开泵出口阀 VD5013。调节 FV5008，维持常压塔回流槽 V506 液位在 40%以上。

⑯ 常压塔回流槽 V506 液位无法维持时，逐渐打开 LV5006，采出精甲醇产品。

调节至正常

① 通过调整 PIC5003 开度，使预塔 PIC5003 达到正常值。

② 调节 TV5001，使进料温度稳定至正常值。

③ 逐步调整预塔回流量 FIC5003 至正常值。

④ 逐步调整塔釜出料量 FIC5002 至正常值。

⑤ 通过调整加热蒸汽量 TIC5004 控制预塔塔釜温度至正常值。

⑥ 通过调节 PIC5007 开度，使加压塔压力稳定。

⑦ 逐步调整加压塔回流量 FIC5006 至正常值。

⑧ 开 LIC5003 和 FIC5004 出料，注意加压塔回流槽、塔釜液位。

⑨ 通过调整加热蒸汽量 TIC5012 控制加压塔塔釜温度至正常值。

⑩ 开 LIC5005 出料，注意常压塔回流罐、塔釜液位。

⑪ 将各控制回路投自动，各参数稳定并与工艺设计值吻合后，投产品采出串级。

4. 正常操作规程

(1) 合成工段正常工况

① 混合气进料控制阀 FIC4001 投自动，设定值为 84914.16kg/h。

② 氢气进料控制阀 FIC4002 投自动，设定值为 5880kg/h。
③ 汽包压力控制阀 PIC4005 投自动，设定值为 4.3MPa。
④ 汽包液位控制阀 LIC4002 投自动，设定值为 50%。
⑤ 系统压力控制阀 PIC4004 投自动，设定值为 4.9MPa。
⑥ 压缩机 C401 防喘振控制阀 FIC4003 投自动，设定值为 60000kg/h。
⑦ 甲醇分离器液位控制阀 LIC4001 投自动，设定值为 50%。

（2）精制工段正常工况

① 预塔进料温度 TIC5001 投自动，设定值为 72℃。
② 预塔塔顶压力 PIC5003 投自动，设定值为 0.03MPa。
③ 预塔塔顶回流量 FIC5003 投自动，设定值为 39566.8kg/h。
④ 预塔回流槽液位 LIC5002 投自动，设定值为 50%。
⑤ 预塔塔釜采出量 FIC5002 设为串级，设定值为 83168.8kg/h，LIC5001 投自动，设定值为 50%。
⑥ 预塔塔釜温度 TIC5004 投自动，设定值为 77.4℃。
⑦ 加压塔再沸器 TIC5012 投自动，设定值为 134.8℃。
⑧ 加压塔塔顶压力 PIC5007 投自动，设定值为 0.65MPa。
⑨ 加压塔塔顶回流量 FIC5006 投自动，设定值为 51431.2kg/h。
⑩ 加压塔回流槽液位 LIC5004 投自动，设定值为 50%。
⑪ 加压塔塔釜采出量 FIC5004 设为串级，设定值为 51821.1kg/h，LIC5003 投自动，设定值为 50%。
⑫ 常压塔塔顶回流量 FIC5008 投自动，设定值为 9128.86kg/h。
⑬ 常压塔回流槽压力 PIC5012 投自动，设定值为 0.01MPa。
⑭ 常压塔回流槽液位 LIC5006 投自动，设定值为 50%。
⑮ 常压塔塔釜液位 LIC5005 投自动，设定值为 50%。
⑯ 常压塔侧线采出量 FIC5009 投自动，设定值为 7160kg/h。

5. 停车操作规程

（1）合成工段停车

① 停原料气：将 FIC4001 改为手动，关闭，现场关闭 FIC4001 前阀 VD4001、后阀 VD4002。将 FIC4002 改为手动，关闭。将 PIC4004 改为手动，关闭。

② 开蒸汽：开启甲醇合成塔开工蒸汽进料阀 VA4003，调节 VA4003 的开度，使合成塔温度 TI4006 维持在 230℃以上，使残余气体继续反应。

③ 降温降压：残余气体反应一段时间后，关闭开工蒸汽阀 VA4003。将 PIC4004 改为手动调节，开大 PIC4004，使系统压力逐渐降至 0.5MPa 左右时，开启低压氮气进料阀 VA4004，进行 N_2 置换，使 $H_2+CO_2+CO<1\%$（体积分数），关闭 VA4004，关闭 PIC4004。将 PIC4005 改为手动调节并开大，逐渐降压至 2.5MPa，关闭。打开 VA4008 降压至常压，关闭。关闭汽包液位控制阀 LIC4002，停锅炉水。

④ 停压缩机 C401：停用压缩机。关闭压缩机出口阀 VD4005。关闭压缩机防喘振阀 FV4003。停用压缩机油系统和密封系统。（本仿真省略其操作。）

⑤ 停冷却水：关闭甲醇水冷器 E402 的冷却水入口阀 VA4005。

（2）预塔停车

① 手动逐步关小进料阀 LV4001，使进料降至正常进料量的 70%。

② 断开 LIC5001 和 FIC5002 的串级，开大 FIC5002，使 LIC5001 降至 30%左右。

③ 关闭调节阀 LV4001，停预塔进料。

④ 关闭阀门 TV5004，停预塔再沸器的加热蒸汽。

⑤ 手动关闭 FV5002，停止产品采出。

⑥ 关闭泵 P503 后阀、泵、泵前阀，打开预塔排污阀 VA5009，排不合格产品，并控制塔釜降低液位。

⑦ 关闭脱盐水阀 VA5004。

⑧ 停进料和再沸器后，回流槽中的液体全部通过回流泵 P502 打入塔，以降低塔内温度。

⑨ 当回流槽液位降至小于 5%，停回流，关闭调节阀 FIC5003，关闭泵 P502 后阀、泵、泵前阀。

⑩ 当塔釜液位降至 5%，关闭预塔排污阀 VA5009。

⑪ 当塔压降至常压后，关闭 PV5003。

⑫ 预塔温度降至 30℃左右时，关冷凝器冷却水阀门 VA5005 和 VA5006。

（3）加压塔停车

① 尽量通过 LIC5004 排出回流槽中的液体产品，至 LIC5004 在 20%左右。

② 关闭加压塔采出精甲醇阀门 LIC5004，停止产品采出。

③ 断开 LIC5003 和 FIC5004 串级，开大 FIC5004，使加压塔液位 LIC5003 降至 30%左右。

④ 关闭阀门 TIC5012，停加压塔再沸器的加热蒸汽。

⑤ 关闭 FIC5004，打开加压塔排污阀 VA5012，排不合格产品，并控制塔釜降低液位。

⑥ 停进料和再沸器后，回流槽中的液体全部通过回流泵打入塔，以降低塔内温度。

⑦ 当回流槽液位降至 5%，停回流，关闭调节阀 FIC5006，关闭泵 P504 后阀、泵、泵前阀。

⑧ 当塔釜液位降至 5%，关闭加压塔排污阀 VA5012。

⑨ 当塔压降至常压后，关闭 PIC5007。

⑩ 加压塔温度降至 30℃左右时，关冷凝器冷却水 VA5011。

（4）常压塔停车

① 尽量通过 LIC5006 排出回流槽中的液体产品，至 LIC5006 在 20%左右。

② 关闭 LIC5006，停止产品采出。

③ 尽量通过侧线 FIC5009 排出塔釜产品，使 LIC5005 降至 30%左右。

④ 关闭侧线采出阀 FIC5009。

⑤ 停进料和再沸器后，回流槽中的液体全部通过回流泵打入塔，以降低塔内温度。

⑥ 当回流槽液位降至 5%，停回流，关闭调节阀 FIC5008，关闭泵 P505 后阀、泵、泵前阀。

⑦ 当塔釜液位降至 5%，关闭 LIC5005。
⑧ 当塔压降至常压后，关闭 PIC5012。
⑨ 常压塔温度降至 30℃左右时，关冷凝器冷却水 VA5013。

6. 常见故障处理

（1）循环气压缩机故障

事故现象：压缩机停止工作，出口压力等于入口，循环不能继续，导致反应不正常。

处理方法：正常停车，修好压缩机后重新开车。

（2）甲醇分离器液位高

事故现象：甲醇分离器液位 LIC4001 高于 65%，但低于 70%。

处理方法：全开 LIC4001。当甲醇分离器液位接近 50%后，调节 LIC4001，使液位稳定在 50%。LIC4001 投自动。

（3）汽包液位低

事故现象：汽包液位 LIC4002 低于 10%，但高于 5%。

处理方法：全开 LIC4002。当汽包液位上升至 50%时，调节 LIC4002，使液位稳定在 50%。LIC4002 投自动。

（4）甲醇分离器液位控制阀泄漏

事故现象：去预塔流量减少。

处理方法：关闭液位控制阀 LIC4001 前阀和后阀，打开旁路阀 VA4002。调节 VA4002，使甲醇分离器液位稳定在 50%。

（5）预塔塔顶温度偏高

事故现象：预塔加热量增加，温度波动大于系统调节能力，回流量减少。

处理方法：回流量控制阀 FIC5003 切手动，调节回流量。调节温度控制阀 TIC5004，使温度恢复正常。

（6）加压塔 T502 塔釜温度低

事故现象：加压塔 T502 塔釜供热不足。

处理方法：调节再沸器蒸汽进料阀 TIC5012，使温度恢复正常。

（7）加压塔 T502 进料流量控制阀 FV5002 堵塞

事故现象：加压塔 T502 进料流量为零。

处理方法：关闭液位控制阀 FIC5002 前阀和后阀，打开旁路阀 VA5008。调节旁路阀 VA5008，使流量恢复正常。

（8）加压塔出料自动阀 FV5004 泄漏

事故现象：出料量减少，物料温度降低。

处理方法：关闭出料阀 FV5004 前阀和后阀，打开旁路阀 VA5010。调节 VA5010，使加压塔液位稳定在 50%。

五、实验注意事项

① 半实物装置的有些界区不一定在两头，也可能在中间。

② 半实物装置的有些阀门在装置的上面，需要到二楼平台找。

六、实验数据记录与处理

记录仿真成绩。根据实验过程，写出注意事项和实验体会。

七、思考与分析

① 本装置中加压塔的冷凝器和常压塔的再沸器共用，这样设置的目的是什么？
② 本装置用三塔精馏工艺而不是二塔精馏工艺，目的是什么？
③ 目前我国由甲醇制备的大宗化学品有哪些（至少说出 4 种），简要说出各自的工艺路线是什么？

八、附录：工艺流程图

如图 7-3 所示。

参考文献

[1] 教育部高等学校教学指导委员会编. 普通高等学校本科专业类教学质量国家标准. 北京：高等教育出版社，2018.

[2] 刘光友. 化工开发实验技术. 天津：天津大学出版社，1994.

[3] 乐清华，徐菊美. 化学工程与工艺专业实验. 3版. 北京：化学工业出版社，2000.

[4] 成春春，赵启文，张爱华. 化工专业实验. 北京：化学工业出版社，2021.

[5] 屈凌波，任保增. 化工实验与实践. 郑州：郑州大学出版社，2018.